新媒体设计系列

New Media Design

网站布局与网页配色设计

张晓景 / 主编

人民邮电出版社

北京

图书在版编目（CIP）数据

网站布局与网页配色设计 / 张晓景主编. -- 北京：
人民邮电出版社，2018.8
ISBN 978-7-115-47937-2

Ⅰ．①网… Ⅱ．①张… Ⅲ．①网站—设计 Ⅳ.
①TP393.092.2

中国版本图书馆CIP数据核字(2018)第032953号

内 容 提 要

一个优秀的网站，通常具备合理的页面布局、丰富的内容、悦目的视觉效果，并在这几个方面实现和谐的统一。在多姿多彩的互联网世界中，悦目的视觉效果和合理的页面布局能够给浏览者留下深刻的印象。

本书全面解析了网页布局与配色设计的相关知识，完全抛开了网页设计必须遵循的限制条件及有关设计软件的内容，而是运用可以激发创意、拓展设计思路的方法对网页布局与配色设计进行讲解。

本书内容丰富、结构清晰，注重思维锻炼与实践应用，不仅可以作为各类在职人员在网页设计工作中的理想参考用书，也可以作为专业艺术院校设计专业的参考用书。

◆ 主　　编　张晓景
　　责任编辑　刘　博
　　责任印制　沈　蓉　彭志环
◆ 人民邮电出版社出版发行　　北京市丰台区成寿寺路 11 号
　　邮编　100164　　电子邮件　315@ptpress.com.cn
　　网址　http://www.ptpress.com.cn
　　固安县铭成印刷有限公司印刷
◆ 开本：787×1092　1/16
　　印张：15.25　　　　　　　　2018 年 8 月第 1 版
　　字数：317 千字　　　　　　　2025 年 1 月河北第 9 次印刷

定价：79.80 元

读者服务热线：(010)81055256　印装质量热线：(010)81055316
反盗版热线：(010)81055315

前　言

网站是通过视觉语言与浏览者进行交流的平台，浏览者进入网站之后，首先注意到的是整个网站页面的布局和色彩搭配，只有在浏览者进入网站后其关注度被迅速吸引，才能够使浏览者关注网页中感兴趣的内容。在这个过程中，如果浏览者感觉到不便或者是麻烦，就会离开甚至以后不再访问该网站。

网页设计师必须发挥可以快速传递网站整体性、内容可用性的创造力，通过出色的网站色彩搭配，有效突出网站主题的表现力并吸引浏览者，加上出色的网站页面布局设计，使页面内容排版合理，便于浏览者阅读。因此，当今的网页设计师不仅需要掌握网页制作的技术，还需要掌握有关网页布局与配色设计等方面的知识，再通过自己的实践积累，才能逐步成为一名优秀的网页设计师。其中，网页布局设计尤其需要网页设计师具备一定的设计知识和审美能力。

本书力求跟随当前网站设计的潮流趋势，从汲取国内外的优秀网站出发，精选其中的网页作为本书案例，提供具有吸引力的网页布局和配色方案，帮助读者设计出出色的网站作品。

本书内容安排

本书全面解析了网站页面布局与配色设计的相关知识，完全抛开了网页设计必须遵循的限制条件及有关设计软件的内容，而是运用可以激发创意、拓展设计思路的方法对网站页面布局与配色设计进行讲解，并分析具体的案例。全书共分为9章，每章的主要内容如下。

第1章　网站设计基础，主要介绍网站设计的相关基础知识，包括网站设计构成元素、设计原则、色彩在网站设计中的作用，以及如何提升网站的用户体验等内容，使读者对网站设计有更深入的认识。

第2章　网站页面规划与元素设计，主要介绍网站栏目结构与页面策划，以及网站页面中各种元素的设计要点及要求。

第3章　网站中的图形与文字排版设计，主要介绍网站页面中图形设计的方式和排版布局形式，以及网站页面中文字排版的相关知识。

第4章　网站页面布局与视觉风格，网页的布局与整体的视觉风格有很大的关系，本章主要介绍网页布局结构标准、网页布局的基本方法、页面的分割等内容。

第5章　网站页面视觉布局形态，主要介绍各种网页布局形态的含义和情感，以及各种常见的网页视觉风格。

第6章　网页配色基础，主要介绍色彩的相关基础知识、网页配色的联想作用和网页配色的常见问题。

第7章　网页元素的基本配色，主要介绍网页配色的基本方法、各种网页元素的配色关系，以及如何根据不同的受众群体和产品销售阶段对网站页面进行配色。

第8章　网页配色的方法，主要介绍各种网页配色的方法，包括基于色相进行配色、基于色调进行配色、色彩感觉在网页中的应用、色彩对比配色等内容。

第9章　网页配色的技巧，主要介绍突出主题和整体融合的配色技巧、各种网页配色印象，以及辅助设计师进行网页配色的软件。

本书特点

本书内容丰富、通俗易懂、实用性强，几乎涵盖了网站设计的方方面面。通过学习网站布局和配色的基础原理，读者能够运用学习到的网站布局知识和技巧对网站页面进行布局设计，并且能够在设计中合理搭配色彩，将具有感染力的配色和能够有效传达信息的页面布局应用到设计中。

本书适合准备学习或者正在学习网站设计的初中级读者。本书充分考虑到初学者可能遇到的困难，内容讲解细致深入，结构安排循序渐进，使读者在掌握知识要点后能够有效总结，并通过实例分析巩固所学知识，提高学习效率。

本书作者

本书由张晓景编写，另外李晓斌、解晓丽、孙慧、程雪翮、刘明秀、陈燕、胡丹丹、杨越、陶玛丽、张玲玲、王状、赵建新、胡振翔、张农海、聂亚静、曹梦珂、林学远、项辉、张陈等也为此书的编写提供了各种帮助。由于时间仓促，加之作者水平有限，书中难免有错误和疏漏之处，希望广大读者批评、指正。

编者

2017.12.1

目　录

互联网的发展不仅需要在技术上求新求异，更需要在视觉风格上迎合大众的审美需求。随着互联网的普及、社会的发展，消费者、企业对于网站页面的布局与视觉效果的要求越来越高。优秀的网站页面布局与视觉设计，能够更好地突出表现页面的核心内容，吸引用户深入浏览网站，也能够更好地展示网站形象。

第 1 章

网站设计基础

1.1 了解网站设计

网站不单单是把各种信息简单地堆积起来能看或者表达清楚就行，还要考虑通过各种设计手段和技术技巧让受众能更多、更有效地接收网站页面中的各种信息，从而对网站留下深刻的印象并催生消费行为，提升企业品牌形象。

1.1.1 什么是网站设计

作为上网的主要依托，网站由于人们频繁地使用网络而变得越来越重要，网站设计也得到了发展。网站页面讲究的是排版布局、视觉效果，其目的是给浏览者提供布局合理、视觉效果突出、功能强大、使用方便的界面，使他们能够愉快、轻松、快捷地了解网站提供的信息。

网站设计是以互联网为载体，以互联网技术和数字交互式技术为基础，依照客户的需求与消费者的需要设计有关商业宣传目的网页，同时遵循艺术设计规律，实现商业目的与功能的统一，是商业功能和视觉艺术相结合的设计。

顶部导航与站内搜索

突出主题与品牌的表现

图文结合的表现方式，内容更清晰、易读

底部导航与站内搜索

这是一个建筑设计公司的宣传网站，页面的布局与内容结构非常清晰、易读，在页面的顶部和底部分别设置了导航菜单和站内搜索，便于用户在网站各页面之间跳转。网页的内容采用了图文相结合的方式表现，标题与正文内容区分明显，并且采用了简短的文字描述，使用户能够快速阅读。为页面中相应的元素添加交互效果，给用户很好的提示和指引，实现了网站功能、商业宣传和视觉艺术的完美结合。

专家提示

用户在页面上的视线移动并不是随机的，它是人类共有的、对于视觉刺激而产生的、一系列复杂的原始本能反应。在设计网站页面的过程中，可以通过各种视觉手段，吸引或分散用户的注意力。

1.1.2 网站设计的特点

与当初的纯文字和数字的网页相比，现在的网页无论是在内容上，还是在形式上，都已经得到了极大的丰富。网页视觉设计也具有了视觉传达设计的一般特征，同时兼有时代的新艺术形式。

1．交互性

网络媒体不同于传统媒体的地方就在于信息的动态更新和即时交互。即时的交互是网络媒体成为热点媒体的主要原因，也是网站设计时必须考虑的问题。传统媒体都以线性方式提供信息，即按照信息提供者的感觉、体验和事先确定的格式来传播，信息接收者只能被动地接受。而在网络环境下，人们不再是传统媒体方式的被动接收者，而是以主动参与者的身份加入信息的加工处理和发布中。这种持续的交互，使网站界面设计不像印刷品设计那样，出版就意味着设计的结束。网站设计人员可以根据网站各个阶段的经营目标，配合网站不同时期的经营策略，以及用户的反馈信息，经常对网站界面进行调整和修改。例如，为了保持浏览者对网站的新鲜感，很多大型网站总是定期或不定期地改版，这就需要设计者在保持网站视觉形象统一的基础上，不断创作出新的网页作品。

在该移动端页面设计中，对背景图片进行模糊处理，在版面中间使用不同颜色的矩形色块来突出选项的表现，使界面非常清晰、易用，而当用户单击选择某个选项时，该元素出现相应的交互动画效果，给用户很好的提示和反馈，这些都能够带来良好的用户体验。

2．版式的不可控性

网站设计与传统印刷品的版式设计有极大的差异：一是印刷品设计者可以指定使用的纸张和油墨，而网站设计者却不能要求浏览者使用什么样的计算机或浏览器；二是网络正处于不断发展之中，不像印刷品那样基本具备了成熟的印刷标准；三是网站设计过程中有关 Web 的每一件事都可能随时发生变化。

1 024px×768px 分辨率效果　　　　1 366px×768px 分辨率效果

该网页为了能够适应大多数浏览者的浏览，将页面中主体内容的尺寸控制在 1 002px×580px 左右并且在页面中居中显示。

上面两张截图为网页在不同分辨率下的显示效果，分辨率为 1 024px×768px 的网页看起来比较方正，而分辨率为 1 366px×768px 的网页则呈宽屏显示。分辨率虽然有变化，但对该网页内容的展现却没有任何问题，这就要求设计师在设计网站页面时考虑页面内容，让绝大多数的浏览者得到较好的视觉体验。该网站页面还使用一张大幅图像作为页面的背景，这样在大多数的分辨率下都能够获得很好的视觉体验。

这就说明网络应用尚处于发展中，关于网络应用也很难在各个方面都制定出统一的标准，这必然导致网站设计不可控制。其具体表现：一是网站界面会根据当前浏览器窗口大小自动格式化输出；二是浏览者可以控制网站界面在浏览器中的显示方式；三是用不同种类、不同版本的浏览器观察同一网站界面时，效果会有所不同；四是浏览者的浏览器工作环境不同，显示效果也会有所不同。

把所有这些问题归结为一点，就是网站设计者无法控制网站界面在用户端的最终显示效果，这正是网站界面设计的不可控性。

随着移动设备的普及，使用平板计算机或智能手机来浏览网站的用户越来越多，但是平板计算机与智能手机等移动终端的屏幕分辨率都要小于桌面计算机的显示器，为了使网页能够适应在多种不同的设备中浏览，就需要考虑网站页面能够自适应多种屏幕分辨率或多种终端设备。

3．技术与艺术结合的紧密性

设计是主观和客观共同作用的结果，设计者不能超越自身已有经验和所处环境提供的客观条件来进行设计。优秀的设计者正是在掌握客观规律的基础上，进行自由的想象和创造。网络技术主要表现为客观因素，艺术创意主要表现为主观因素，设计者应该积极主动地掌握现有的各种网络技术规律，注重技术和艺术的紧密结合，这样才能穷尽技术之长，实现艺术想象，满足浏览者对网站界面的高质量需求。

该设计公司的网站设计非常特别，网站页面非常简洁，在页面中间位置使用各种符号图形与字母相结合来表现网站的主题，主题表现具有很强的个性和设计感，当用户在页面中滚动鼠标时，页面会通过非常自然的交互动画切换到下一个需要显示的页面内容中，无论是页面的构图，还是流畅的交互动画效果，都给浏览者留下了深刻的印象，也表现出了该设计企业的独特创意。

4．多媒体的综合性

目前网站界面中使用的多媒体视听元素主要有文字、图像、声音、动画、视频等。随着网络带宽的增加、芯片处理速度的提高以及跨平台多媒体文件格式的推广，必将促使设计者综合运用多种媒体元素来设计网站界面，以满足和丰富浏览者对网页不断提高的要求。目前，国内网站界面已出现了模拟三维的操作界面，在数据压缩技术的改进和流技术的推动下，互联网上出现了实时音频和视频服务，比如在线音乐、在线广播、在线电影等。因此，多种媒体的综合运用已经成为网站界面设计的特点之一，也是网站界面未来的发展方向之一。

技巧点拨

目前网页中实现的三维技术主要是通过全景视频来实现的,通过拍摄真实世界,然后利用拼接柱形或球形的全景图来实现。全影视频是连续的全景图片展示形式,可以在任意一点展示 360° 全景图片,突破了点与点端连接的方式。

简洁的功能操作按钮

为用户提供非常明确的交互操作提示　　　　熟悉的视频播放控制组件

这是一个旅游宣传网站,该网站创意性地使用多段视频介绍来讲解不同的风土人情,避免了文字介绍内容的枯燥无味。当用户进入该网站时,以几段简短的视频作为页面的背景,并且在页面中通过图标与说明文字相结合的方式给予用户非常明确的交互操作提示,用户通过键盘上的方向键可以切换页面的背景视频,多媒体技术在网页中的应用给浏览者身临其境的感受。

5.多维性

在印刷品中,导航的问题不是那么突出。例如,如果一个句子在页尾还没有结束,读者会很自然地翻到下一页查找剩余部分,而且印刷品提供了目录、索引和脚注等帮助读者查阅。

网站主导航菜单　　　　搜索图标

产品分类

这是 SONY 官方网站的相机系列产品页面,可以看到在页面顶部使用黑色的背景色块来突出导航菜单的表现,并且导航菜单紧靠着网站 Logo 排列,左上角是浏览者刚进入网站页面的视觉焦点,最能够引起用户注意,页面导航的信息架构非常清楚,便于用户在网站中查找相应的内容。而搜索功能则安排在顶部的右侧,仅仅显示为一个搜索图标,只有当用户需要使用时,单击该图标才可以展现搜索框。

多维性源于超级链接,它主要体现在网站界面中的导航设计上。由于超级链接的出现,网站的组织结构更加丰富,浏览者可以在各种主题之间自由跳转,从而打破了以前人们接受信息的线性方式。例如,可以将网站页面的组织结构分为序列结构、层次结构、网状结构、复合结构等。但页面之间的关系过于复杂,不仅增加了浏览者检索和查找信息的难度,也会给设计者带来更大的挑战。为了让浏览者在网页上迅速找到所需的信息,设计者必须考虑快捷而完善的导航以及超级链接设计。

1.2　网站设计构成元素

与传统媒体不同，网站界面除了文字和图像以外，还包含动画、声音和视频等新兴多媒体元素，更有由代码语言编程实现的各种交互式效果，这些极大增加了网站界面的生动性和复杂性，也使网页设计者需要考虑更多页面元素的布局和优化。

1.2.1　文字

文字元素是信息传达的主体部分，从网页最初的纯文字界面发展至今，文字仍是其他任何元素无法取代的重要构成。这首先是因为文字信息符合人类的阅读习惯，其次是因为文字占用存储空间很少，节省了下载和浏览的时间。

网站界面中的文字主要包括标题、信息、文字链接等主要形式，标题是内容的简要说明，一般比较醒目，应该优先编排。文字作为占据页面重要比率的元素，同时又是信息的重要载体，它的字体、大小、颜色和排列对页面整体设计影响极大，应该多花心思处理。

不对称纯色块的组合方式，更易识别，也符合当前的设计趋势。

该网站页面是一个以文字介绍内容排版为主的网站界面，通过不同的色块来区分不同内容的表现，使文字内容的条理非常清晰，大小不一的矩形色块组合又使得页面整体和谐统一，表现生动活泼。

1.2.2　图形符号

图形符号是视觉信息的载体，通过精练的形象代表或某一事物，表达一定的含义，图形符号在网站界面设计中可以有多种表现形式，可以是点，也可以是线，色块或是页面中的一个圆角处理等。

不对称色块图形的运用，有效突出了页面重点信息表现，也丰富了网页的表现形式。

该网站页面来源于一个国外网站，使用设计效果图作为页面的背景，页面左右两侧的半透明红色图形相互呼应，页面上下的黑色矩形条同样形成呼应的效果，在构图上通过应用不规则图形，增强页面的形式美感和空间感，富有创意和新意。

1.2.3　图像

　　图像在网站界面设计中有多种形式，图像具有比文字和图形符号都要强烈和直观的视觉表现效果。图像受指定信息传达内容与目的约束，但在表现手法、工具和技巧方面具有比较高的自由度，从而也可以产生无限的可能性。网站界面设计中的图像处理往往是网页创意的集中体现，图像的选择应该根据传达的信息和受众群体决定。

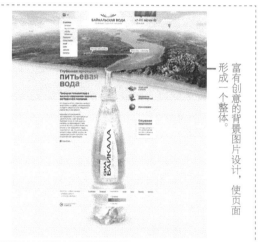

富有创意的背景图片设计，使页面形成一个整体。

在该游戏网站设计中，运用极富感染力的游戏场景图片作为页面的背景，逼真的游戏场景配合视频、动画、音效的效果表现，当浏览者打开网站时就会被精美的视听感受吸引，仿佛置身于虚幻的游戏世界当中，从而使浏览者对该游戏产生兴趣，并能够逐渐沉浸其中。	该网站页面的设计非常富有创意，将大自然的图片与产品巧妙地结合在一起，表现出产品的自然、纯净，使用创意图片作为页面的背景，使整个页面形成一个整体，将页面中的背景图案沿主体图形放置在两边，用户的浏览视线会跟随着图形向下移动。富有创意的网站视觉设计，非常容易吸引浏览者的注意。

1.2.4　多媒体

　　网站界面构成中的多媒体元素主要包括动画、声音和视频，这些都是网站界面构成中最吸引人的元素，但是网站界面还是应该坚持以内容为主，任何技术和应用都应该以信息的更好传达为中心，不能一味地追求视觉化的效果。

这是一个运动品牌的活动宣传网站，在该网站设计中充分运用视频、音频等多媒体资源，给浏览者带来强烈的视觉体验，并在网站中应用了相应的交互效果，让浏览者参与到网站互动中来，使浏览者在轻松的氛围中接受网站传达的信息内容。

1.2.5　色彩

　　网站界面中的配色可以为浏览者带来不同的视觉和心理感受，它不像文字、图像和多媒体等元素那样直观、形象，它需要设计师凭借良好的色彩基础，根据一定的配色标准，反复试验、感受之后才能够确定。有时候，网站界面往往因为选择了错误的配色而影响整个网站的设计效果，如果色彩使用得恰到好处，就会得到意想不到的效果。

该产品宣传网站使用绿色作为页面的主色调，搭配同色系的黄绿色，使整个页面表现出清新、自然的氛围，页面中木纹素材的运用，强化了整个网站需要表现的自然、纯净、健康的理念。网站的色彩搭配特别能够打动人心，给人留下舒适、自然的印象。

技巧点拨

　　色彩的选择取决于"视觉感受"，例如，与儿童相关的网站可以使用绿色、黄色或蓝色等鲜亮的颜色，让人感觉活泼、快乐、有趣、生机勃勃；与爱情交友相关的网站可以使用粉红色、淡紫色和桃红色等，让人感觉柔和、典雅；与手机数码相关的网站可以使用蓝色、紫色、灰色等体现时尚感的颜色，让人感觉时尚、大方，具有时代感。

1.3　网站设计原则

　　网站作为传播信息的载体，也要遵循设计的基本原则。但是，由于表现形式、运行方式和社会功能的不同，网站设计又有其自身的特殊规律。网站设计是技术与艺术的结合，内容与形式的统一。

1.3.1　以用户为中心

　　以用户为中心的原则实际上就是要求设计者要时刻站在浏览者的角度来考虑，主要体现在以下几个方面。

　　1．使用者优先观念

　　无论什么时候，不管是在着手准备设计网站界面之前、正在设计之中，还是已经设计完毕，都应该遵循一个最高行动准则，就是使用者优先。使用者想要什么，设计者就要去做什么。如果没有浏览者光顾，再好看的网站界面都是没有意义的。

　　2．考虑用户浏览器

　　如果想让所有的用户都可以毫无障碍地浏览页面，那么最好使用所有浏览器都支持的格式，不要使用只有部分浏览器支持的 HTML 格式或程序技巧。如果想展现自己的高超技术，又不想放弃一些潜在的观众，可以考虑在主页中设置几种不同的浏览模式选项（如纯文字模式、Frame 模式、Java 模式等），供浏览者自行选择。

　　3．考虑用户的网络连接

　　浏览者可能使用 ADSL、高速专线或小区光纤。所以，在设计网页时必须考虑用户的网络连接，不要放置一些文件量很大，下载时间很长的内容。网站界面设计制作完成之后，最好亲自测试一下。

产品图片与文字相结合的方式，使内容表现更加直观。不规则的方块状排版处理，更富有新意，也更能方便用户操作。

必胜客官方网站，应用不规则的页面排版布局形式展现网站的内容，给人眼前一亮的感觉，应用不规则、大小不等的小方块来展现产品，操作方便、直观，突破传统的网页排版布局形式，从而给浏览者留下深刻的印象。

1.3.2　主题明确

　　网站设计表达的是一定的意图和要求，有明确的主题，并按照视觉心理规律和形式将主题主动传达给浏览者，以使主题在适当的环境中被人们及时地理解和接受，从而满足其需求。这就要求网站页面设计不但要单纯、简练、清晰和精确，而且在强调艺术性的同时，更应该注重通过独特的风格和强烈的视觉冲击力来鲜明地突出设计主题。

CHANEL（香奈儿）官方网站采用了极其简约的设计风格，只突出了两个元素，一个是品牌，另一个就是主打产品。每个国家的网站除了语言不同以外，其他的元素基本都保持不变，这是由 CHANEL 的品牌形象识别系统决定的。
CHANEL 是世界知名的化妆品及服饰品牌，在大众人群中已经建立了一定的企业形象，所以页面采用极其简约的视觉设计风格，通过黑色的背景色搭配白色的文字以及产品广告图片，表现出高贵的企业形象，重点突出其旗下主推产品。

　　根据认知心理学的理论，大多数人在短期记忆中只能同时把握 4~7 条分类的信息，而对多于 7 条的分类信息或者不分类的信息则容易产生记忆上的模糊或遗忘，概括起来就是较小且分类的信息要比较长且不分类的信息更为有效和容易浏览。这个规律蕴含在人们寻找信息和使用信息的实践活动中，设计师的设计活动必须自觉地掌握和遵从这个规律。

这是某手机品牌的官方宣传网站设计,页面采用比较简洁的设计方式,通过满屏的大幅宣传广告来突出最新的展品展示,给浏览者直观的产品印象,而在下方的网站新闻等相关栏目中,分两栏放置了8条最新的信息内容,并且采用图文相结合的方式,使用户更容易浏览。

　　网站设计属于艺术设计范畴的一种,其最终目的是达到最佳的主题诉求效果。这种效果的取得,一方面要对网站主题思想运用逻辑规律进行条理性的处理,使之符合浏览者获取信息的心理需求和逻辑方式,让浏览者快速理解和吸收;另一方面还要对网页构成元素运用艺术的形式美法则进行条理性的处理,以更好地营造符合设计目的的视觉环境,突出主题,增强浏览者对网页的注意力,增进对网页内容的理解。只有这两个方面有机统一,才能实现最佳的主题诉求效果。

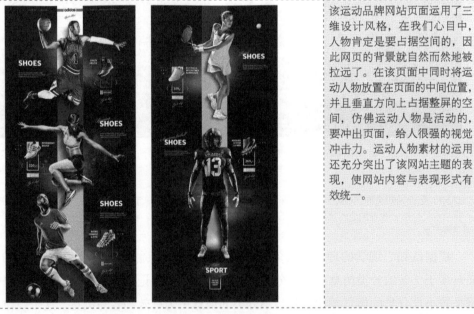

该运动品牌网站页面运用了三维设计风格,在我们心目中,人物肯定是要占据空间的,因此网页的背景就自然而然地被拉远了。在该页面中同时将运动人物放置在页面的中间位置,并且垂直方向上占据整屏的空间,仿佛运动人物是活动的,要冲出页面,给人很强的视觉冲击力。运动人物素材的运用还充分突出了该网站主题的表现,使网站内容与表现形式有效统一。

　　一般来说,可以运用网页的空间层次、主从关系、视觉秩序及彼此间的逻辑性,来使网站界面从形式上获得良好的诱导力,并鲜明地突出诉求主题。

　　优秀的网站界面设计必然服务于网站的主题，也就是说，什么样的网站应该有什么样的设计。例如，因为设计类的个人网站与商业网站的性质不同，目的也不同，所以以评论的标准也不同。网站页面设计与网站主题的关系应该为：首先设计是为主题服务的；其次设计是艺术和技术结合的产物，就是说，既要"美"，又要实现"功能"；最后"美"和"功能"都是为了更好地表达主题。当然，在某些情况下，"功能"就是主题，"美"就是主题。

1.3.3　视觉美观

　　网站设计首先需要吸引浏览者的注意力，由于网页内容的多样化，传统的普通网页不再是主打的环境，交互设计、多媒体内容、三维空间等形式开始大量在网站设计中出现，给浏览者带来不一样的视觉体验，给网站界面的视觉效果增色不少。

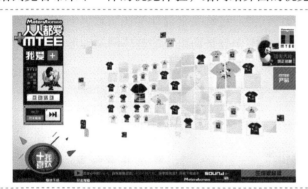

这是某服装品牌的活动页面，将品牌形象与活动主题卡通形象相结合，在页面中着重使用流畅的交互动画效果来吸引浏览者，并且为页面搭配相应的音乐，给浏览者带来全方位的视听感受，页面中色彩的搭配则主要以简洁为主，通过红色来突出展现页面中的重要信息。

　　在设计网站时，首先需要对网站页面进行整体规划，根据网站信息内容的关联性，把页面分割成不同的视觉区域；然后再根据每一部分的重要程度，采用不同的视觉表现手段，清楚网页中哪一部分信息是最重要的，什么信息次之，在设计中才能给每个信息相对正确的定位，使整个网站结构条理清晰，并综合应用各种视觉效果表现方法，为用户提供视觉美观、操作方便的网站界面。

1.3.4　内容与形式统一

　　任何设计都有一定的内容和形式。设计的内容是指它的主题、形象、题材等要素的总和，形式就是它的结构、风格设计语言等表现方式。优秀的设计必定是形式对内容的完美表现。

　　一方面，网站页面设计追求的形式美必须适合主题的需要，这是网站界面设计的前提。只追求花哨的表现形式以及过于强调"独特的设计风格"而脱离内容，或者只求内容而缺乏艺术的表现，网站页面设计都会空洞无力。设计师只有将这两者有机地统一起来，深入领会主题的精髓，再融合自己的思想感情，找到完美的表现形式，才能体现出网站页面设计独具的分量和特有的价值。另一方面，要确保网页上的每一个元素都有存在的必要性，不要为了炫耀而使用冗余的技术，那样得到的效果可能会适得其反。只有认真设计和充分考虑来实现全面的功能并体现美感，才能实现形式与内容的统一。

该网站是专门推介台湾茶品的网站,因为网站的内容并不多,所以整个网站运用交互动画的形式,以精美的茶品广告画面作为背景,配合半透明的底色和文字内容介绍,给人舒适、静心的感觉,达到了内容与形式的完美统一。

　　网站页面具有多屏、分页、嵌套等特性,设计师可以适当变化其形式,以达到多变的处理效果,丰富整个网站页面的形式美。这就要求设计师在注意单个页面形式与内容统一的同时,也不能忽视同一主题下由多个分页面组成的整体网站的形式与整体内容的统一。因此,在网页设计中必须注意形式与内容的高度统一。

该食品的宣传网站设计充分体现出内容与表现形式的统一,网站中的每个页面都采用了相同的版式和主色调进行设计,页面中标志、导航和主内容区都出现在各子页面中的相同位置,并且采用了相同的设计方式。界面设计中较高的一致性表现,能够有效提升产品的可用性,使用户能够快速掌握该网站的操作。

1.3.5　有机的整体

　　网站的整体性包括内容和形式上的整体性,这里主要讨论设计形式上的整体性。

　　网站是传播信息的载体,它要表达的是一定的内容、主题和观念,在适当的时间和空间环境里为人们理解和接受,它以满足人们的实用和需求为目标。设计时强调其整体性,可以使浏览者快捷、准确、全面地认识它、掌握它,并给人内部联系紧密、外部和谐完整的美感。整体性也是体现网站界面独特风格的重要手段之一。

　　网站页面的结构形式是由各种视听要素组成的。在设计网站页面时,强调页面各组成部分的共性因素或者使各个部分共同含有某种形式特征,是形成整体的常用方法。这主要从版式、色彩、风格等方面入手。例如,在版式上,全盘考虑界面中的各视觉要素,以周密的组织和精确的定位来获得页面的秩序感,即使运用"散"的结构,也要深思熟虑之后才决定;一个网站通常只使用两到三种标准色,并注意色彩搭配和谐;对于分屏的长页面,不能设计完第一屏,再去考虑下一屏。同样,整个网站内部的页面,都应该统一规划、统一风格,让浏览者体会到设计者完整的设计思想。

该运动品牌促销页面运用了插画的设计风格，将时尚的运动人物与卡通手绘插画背景相结合，运动人物与插画背景设计浑然天成，且运用得恰到好处。产品图片放置在主题图片的下方，在我看来，这就是主题设计与传统设计的完美平衡。

该游戏介绍的专题页面设计中摒弃了以往游戏页面的传统表现风格，而是使用同色系不同明度的蓝色调将整个页面从上至下划分为多个不同的内容区域，在每部分内容区域中，又综合运用图文结合和色彩对比的手法，使得页面结构层次非常清晰。

技巧点拨

从某种意义上讲，强调网站界面结构形式的整体性必然会牺牲灵活的多变性，因此，在强调界面整体性设计的同时必须注意，过于强调整体性可能会使网站界面呆板、沉闷，以致影响浏览者的兴趣和继续浏览的欲望。"整体"是"多变"基础上的整体。

1.4　色彩在网站设计中的作用

从互联网中五彩缤纷的网页来看，毫无疑问，任何网页设计作品都离不开色彩。也许有人会觉得一个网站是绿色的，换成蓝色也行，反正无所谓。但是不同的颜色能够表现出不同的情感，使浏览者产生不同的心理感觉，并且色彩还与文化、地域等有着息息相关的联系，因此，色彩在网站设计中的应用非常重要，甚至可以说色彩对网站页面设计的成败起到决定性的作用。

1.4.1　突出网页主题

网站页面传递的信息内容与传递方式应该是相互统一的，这是设计作品成功的必要条件。网页中不同的内容需要由不同的色彩来表现，利用不同色彩自身的表现力、情感效应以及审美心理感受，可以使网页的内容与形式有机地结合起来，以色彩的内在力量来烘托主题、突出主题。

这是某洋酒品牌的活动宣传网站页面设计，使用灰暗的图片作为页面的整体背景，表现出低调、奢华的印象，在页面中间位置使用高饱和度的红色大号字体表现页面的主题，与背景形成非常强烈的视觉对比，有效地突出主题的表现，而背景图像又能够对主题起到烘托作用。

1.4.2 划分视觉区域

网站的首要功能是传递信息，色彩正是创造有序的视觉信息流程的重要元素。利用不同色彩划分视觉区域，是视觉设计中的常用方法，在网页设计中同样如此。网站页面中的信息不仅数量多，而且种类繁杂，往往在一个页面中可以看到各种各样的信息，门户型或综合型网站中更是如此，这就涉及信息分布及顺序排列的问题。利用色彩进行划分，可以将不同类型的信息分类排布，并利用各种色彩带给人的不同心理效果，很好地区分出主次顺序，从而形成有序的视觉流程。

浅灰色的页面背景图像搭配深灰色与橙色的色块背景，使信息内容的层次划分非常清晰。

在该企业网站设计中，色彩层次非常清晰，运用不同的色彩来划分不同的内容区域，并且页面只使用了3种色彩进行搭配，使页面内容简洁、清晰、易读，信息内容突出而鲜明。

1.4.3 吸引浏览者的目光

在网络上有不计其数的网站，即使是那些已经具有一定规模和知名度的网站，也要时刻考虑如何才能更好地吸引浏览者的目光。这就需要利用色彩的力量，不断设计出各式各样赏心悦目的网页来满足挑剔的浏览者。网页中的色彩应用，或含蓄优雅，或动感强烈，或时尚新颖，或单纯有力，无论哪种形式，都是为了一个明确的目标，即引起更多浏览者的关注。由于色彩设计的特殊性，越来越多的网页设计师认识到，网站拥有突出的色彩设计，对网站的生存起着至关重要的作用，是迈向成功的第一步。

使用鲜明的蓝色作为该页面的主色调，符合IT信息类行业的特点，对主题文字进行适当的艺术化处理，并与页面中的主体图形相结合，充分吸引用户的眼球，在主题文字的两侧，分别使用鲜艳的对比色调来突出该网站的主要两个栏目，整体视觉效果突出，给浏览者带来美的享受。

1.4.4 增强网站页面的艺术性

将色彩应用于网页视觉设计中，可以给网页作品带来鲜活的生命力。色彩既是视觉传达的方式，又是艺术设计的语言。色彩对于网页作品的艺术品位起着举足轻重的作用，不仅在视觉上，而且在心理作用和象征作用中都可以得到充分的体现。好的色彩应用，可以大大增强网页的艺术性，也使得网页更富有审美情趣。

该建筑设计网站突破了以往以精美的建筑效果图作为页面背景的设计方式，以抽象的渐变色彩图形作为整个网页的背景搭配三维建筑图形，使页面的表现更加富有艺术感。为页面中的重要信息点缀少量其他色彩，有效突出重点信息的表现。

1.5　如何设计出好的网站

首先，设计师需要确定网站设计策略，决定网站主题之后，通过网页元素来实现网页布局和视觉效果，最后完成表现图形，这就是设计师的整个设计过程和内容。也就是说，设计师在网站设计过程中需要综合考虑设计策略、主题、要素、构图、技巧及图形这 6 个方面。

1.5.1　不要主动降低自己的眼光

设计的网页在很大程度上受到项目的目的、要求、功能、费用、期限等因素的影响，这些制约因素经常是设计过程中的最大标准，尤其是设计网站的费用和期限这两个因素，很容易左右设计师的思路和意图。费用价格低时，设计师会觉得"这个价格就值这种程度"，很容易降低自己的眼光和设计标准。

一千元的价值就是一千元，这是市场经济的合理逻辑，但是对于网页设计而言，对品质的评价远远高于价格，人们经常会问"这是谁设计的网站"，对设计师的评价也是非常重要的，因此，设计师进行设计时没有必要因为价格而降低自己的标准。长期来看，要想成为一名有实力的设计师，就要按照自己的最高标准认真对待每一个设计项目，这样，不仅提高了客户的满意度，也会提高自己的声望。

这是一个食品宣传网站页面的设计，页面整体设计非常简洁，通过清晰的产品大图给浏览者带来非常直观的视觉感受，页面中只放置了产品图片、Logo、简单的说明文字以及导航菜单和版底信息，没有任何多余的内容，浏览者浏览起来非常轻松、流畅。

1.5.2　多尝试新技术、新方法

对于一个设计项目，设计师不要局限于自己固有的风格。每个人都有自己的偏好和中意的类型，设计师的这种偏好表现为设计作品都是固定的风格。设计师的固定风格不知不觉地会蚕食其对新设计风格的表现欲望，如果设计师对尝试设计新颖作品的欲望不强烈，那么他的固有风格也就很突出。

因此，设计师有必要努力采用更好的感觉去拓宽自己独有的设计风格。如果设计师尽可能地尝试采用新颖多样的方法来培养多样的设计感和表现力，那么他的固有设计风格会不断融入新的感觉和认识，实力也会慢慢提高。多设定新的设计标准，尝试新的设计思路，将会使设计师受益匪浅！

这是一个科技感十足的设计网站，在网站页面中通过各种交互效果以及三维影像来塑造网站空间，设计师将设计的未来城市场景与三维技术相结合展现在网页中，浏览者在网页中通过拖动鼠标控制，可以 360° 查看设计的未来城市空间，感觉就像是自己置身其中，或仰视，或俯视，完全是身临其境的感觉。

1.6　如何提升网站的用户体验

随着互联网上竞争的加剧，越来越多的企业开始意识到提供优质的用户体验是重要的、可持续的竞争优势。用户体验形成了用户对企业的整体印象，界定了企业和竞争对手的差异，并且决定了客户什么时候会再次光顾。

1.6.1　用户体验包含的内容

用户体验一般包含 4 个方面：品牌（Branding）、可用性（Usability）、功能性（Functionality）和内容（Content）。成功的网站必定在这 4 个方面充分考虑，使用户便捷地访问到自己需要的内容的同时，又在不知不觉中接受了设计本身要传达的品牌和内容。

1．品牌

就像提起手机人们就想到苹果，提起碳酸饮料人们就想到可口可乐一样，品牌对于任何一件展示在普通民众面前的事物有着很强的影响力。没有品牌的东西是很难受到欢迎的，因为它没有任何质量保证。同样对于网站来说，良好的品牌也是其成功的决定因素。

网站品牌的创建取决于两个要素：独特且富有创意和内容丰富、新颖、及时更新，如图 1-1 所示。

图 1-1

网站的"独特且富有创意"很好解释，假如这个行业只有你一个网站，那么就算选择的关键词相当冷门，就算是用户不多，但对于这个行业也是品牌。假如网站相对其他同类网站来说内容丰富、新颖，信息更新最快，那么就是最成功的。这两点对于树立网站品牌非常重要,归根结底一句话,你的网站是不是对浏览者具有吸引力。

"花瓣网"是设计行业寻找设计灵感的比较成功的网站。早期"花瓣网"刚上线时,因为其独特的瀑布流式排版形式,以及大量高品质的设计图片迅速吸引了众多设计爱好者的关注。网站还推出了相应的浏览器插件,便于用户在浏览其他网站时都能将看到的精美图片保存到自己的画板中,这样也促使了网站每天都能有大量新鲜的图片。

此外视觉体验对于品牌的提升也是很有影响的,网站设计的优劣对于人们是不是能记住你的网站有非常重要的作用,而且适当使用图片、多媒体,对于网站也是很有帮助的。

该电影宣传网站就充分运用了视频、声音等多媒体素材来渲染网站给人带来的整体视觉效果,使浏览者仿佛置身于电影渲染的战争氛围当中,配合界面中相应元素的交互效果,给人留下深刻的印象。

专家提示

在设计网站时,使用图片或视频有助于提升网站的功能性和美观性。但是也需要注意,在增加网站体积的同时,往往会忽略网站的主题内容,所以要适可而止,宁缺毋滥。

2. 可用性

设计网站时要充分考虑到主要受众群的操作问题,将设计的重点放在网站操作的流畅性和连贯性上,在此基础上再考虑网站的视觉效果。多考虑一些没有计算机操作基础的初级网民的感受,对整个网页的可用性做出优化,例如对基本功能进行说明、优化导航条、简化搜索功能等。

传统网站导航

站内搜索

最新产品与促销宣传

产品功能分类按钮

该品牌电商网站的页面设计非常简洁、清晰,考虑到了大多数用户的使用感受,在顶部使用传统的横向导航方式,方便用户在不同的产品类别之间跳转,并且在导航栏的上方为熟悉互联网操作的用户提供了站内搜索功能,能够快速查找商品,所有这些都是为了方便不同用户的使用和操作,便于用户在网站中尽快找到自己喜爱的商品。

浏览者访问网站的目的都是要寻找个人需要的资料。设计师要站在浏览者的角度充分考虑，了解他们需要的内容，并将这些内容放到页面中任何人都可以找到的地方，使网页浏览者可以轻松找到自己想要的内容，经历一段非常完美的上网体验。经过口口相传，访问者就会越来越多，这就是常说的"口碑营销"。用户体验设计师的主要工作就是帮助浏览者快速达到他们浏览网站的目的。

> **技巧点拨**
>
> 在技术允许的情况下，可以在网站中考虑一些特殊人群的习惯。例如，针对残疾人增加收听验证码和语音读取内容等功能，将有助于提高网站的用户体验。

3．功能性

这里所说的功能性，并不仅仅是指网站界面功能，更多的是网站内部程序上的一些流程，这不仅对网站用户有很大的用处，而且对网站管理员的作用也是不容忽视的。

网站的功能性包含以下内容。

- ◆ 网站能够在最短的时间内查询到用户需要的信息内容。
- ◆ 程序功能过程对用户的反馈。这个很简单，例如经常可以看到的网站的"提交成功"或者收到的网站更新情况的邮件等。
- ◆ 网站对于用户个人信息的隐私保护策略。这有助于增加网站的信任度。
- ◆ 线上线下结合。最简单的例子就是定期的网友交流论坛等。
- ◆ 优秀的网站后台管理程序。好的后台管理程序可以帮助管理员更快地修改与更新网站内容。

4．内容

如果说技术构成是网站的骨架，那么内容就是网站的血肉了。内容不单单包含网站中的可读性内容，还包括连接组织和导航组织等方面，这也是网站用户体验的关键部分。也就是说，网站除了要有丰富的内容外，还要有方便、快捷、合理的链接方式和导航。

综上所述，只要按照用户体验的角度量化自己的网站，就一定可以让网站受到大众的欢迎。

1.6.2　用户体验对于网站的重要性

随着计算机技术在移动、网络和图形技术等方面的高速发展，人机交互技术逐渐渗透到人类活动的各个领域中，也使得用户的体验从单纯的可用性工程，扩展到更广的范围。

在网页设计过程中，通常要结合不同相关者的利益，如品牌、视觉设计和可用性等各个方面。这就需要人们在设计网站时同时考虑市场营销、品牌推广和审美需求3个方面的因素（见图1-2）。用户体验就是提供了一个平台，希

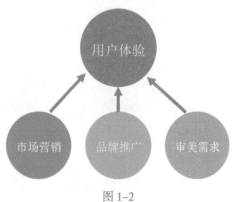

图 1-2

望覆盖所有相关者的利益，使网站使用方便的同时更有价值，可以使浏览者乐在其中。

从浏览者的角度来看，用户更喜欢有更多实质内容的网页，讨厌漫天广告的网页，这也是人之常情，是最简单的用户体验，也是最直接影响网页浏览速度的因素。很多时候，用户体验直接影响一个网站是否成功。不重视用户体验的网站，希望做大做强基本只是空谈。

1.6.3　网站如何寻求突破

在设计网页时，为了更好地表现网站内容并留住更多的浏览者，设计师需要注意以下几点。

首先必须规避设计时自己个人的喜好。自己喜欢的东西并不一定谁都喜欢。例如，网页的色彩应用，如果设计师个人喜欢大红大绿，并且在设计的作品中充斥着这样的颜色，那么一定会丢失掉很多潜在客户，原因很简单，就是跳跃的色彩让浏览者失去对网站的信任。现在大部分用户都喜欢简单的颜色，风格简约而不简单。可以先浏览其他设计师的作品，然后再设计来得出更符合大众的设计方案。当然浏览别人的作品不等于要抄袭，抄袭的作品会让浏览者对网站失去信任。是让设计师在别人作品的基础上再提高，以留住更多的浏览者。

简约的设计风格是目前设计领域比较流行的趋势，无论是平面设计还是网页设计领域，这种方式都能够有效地将浏览者的注意力集中到产品或内容本身上。在该耳机产品的宣传网站中就运用了极简的设计风格，在版面中间只放置产品图片和简短的说明文字内容，使得页面中产品以及相关信息的表现非常突出。在该网站的其他页面采用了同样的风格，使用背景色块来区分不同的产品，但色块都采用了浅色系颜色，有效突出页面中的产品和内容，而不是背景色彩，给人舒服的感受。

其次是设计师必须让很多不同层次的浏览者在网页作品上达成一致的意见，也就是常说的"老少皆宜"。这样才能说明设计的网站是成功的，因为抓住了所有浏览者共同的心理特征，吸引了更多新的浏览者。通过奖励刺激浏览的方法尽可能少用，虽然利益是最大的驱动力，但是网络的现状让网民的警惕性非常高，一不小心就会适得其反。要想抓住人们的浏览习惯其实很简单，只要想想周围的人都关注的东西就明白了。

该旅游宣传页面设计，使用处理后的风景图片作为页面整体背景，在页面中采用比较随意的方式来放置介绍文字和图片，使浏览者仿佛在翻看旅游画册，信息内容非常直观、易读，这样的设计对于不同年龄层次的浏览者都具有一定的吸引力。

最后就是要充分分析竞争对手，平时多看看竞争对手的网站项目，总结出它们的优缺点，避开对手的优势项目，以它们的不足为突破口，这样才会吸引更多的浏览者注意。也就是说，要把竞争对手的劣势转换为自己的优势，然后突出展现给浏览者看，这一点在网站设计中更易实施。

1.6.4 提升网站用户体验

一些宣传介绍类型的企业网站并没有销售任何东西，网站本身具有完全的独立权，用户如果想要了解企业信息，就必须从这个网站中获取。对于此类网站，同样不能忽视用户体验。

如果网站以巨大的信息量为主要看点，那就要尽可能有效地传达信息。不要只是将它们放在那里，任由用户查看。要在帮助用户理解的同时，以用户可以接受的方式呈现出来。否则用户永远不会发现网站提供的服务或产品正是他们寻找的，而且用户可以得到一个结论：这个网站很难使用。

便捷的导航设置

清晰的视觉层次

有效突出重点内容

在该企业网站页面的设计中，信息内容并不是特别多，但其依然采用了图文相结合的方式来表现内容，使页面中内容的视觉层次非常清晰，并且在页面中间位置使用橙色背景色块来突出重要信息的表现，也使得页面中的信息层次更加突出和分明，页面内容清晰、易读，给用户带来很好的体验。

用户只要有一次不好的体验，就有可能再也不会回来。如果用户在网站上的体验一般，但是，在对手网站那里感觉更好，那么下次他们就会直接访问竞争对手的网站，而不是你的。由此可见，用户体验对于客户的忠诚度有很大的影响。

专家提示

一些网站通过发送大量的营销邮件来推广网站，这通常很难说服用户再次访问网站，但一次良好的用户体验就可以。如果用户第一次访问就得到了不好的用户体验，那么通常不会给"第二次机会"去纠正它。

网站页面由多种元素共同构成，这些元素的合理布局和出色设计，能够使网站页面富有创意和吸引力，可以使网站页面的结构更加立体化，也可以使网站页面的展现形式多样化。本章将介绍网页中各种构成元素的相关知识，使读者在网站页面的布局设计中能够更好地运用不同的页面元素。

第 **2** 章

网站页面规划与元素设计

2.1　网站栏目结构与页面策划

就像是一本书它有自己的目录，然后有章、节、段一样，网站同样需要清晰的层次结构，这样才能够让用户在浏览网站时不会迷路。这个不迷路的实质就是网站结构清晰、目录清楚、内容成体系。这可以使网站给用户呈现更加清晰和简便的访问方式，让用户更快捷地找到自己需要的东西，从而改善网站的用户浏览体验，最大限度地留住用户。

2.1.1　网站栏目结构

网站通常都是超文本和应用程序的结合体，可以点击网站上的链接访问一个应用程序或者页面，这种方法使用起来很方便、灵活，但是可能会让用户难以理解。一些大型网站由成千上万个页面组成，这些网站可能已经在混乱和欠缺规划的情况下开发了很长时间。由于很难让用户在脑海中形成网站结构模型，所以用户很容易在这样的网站中迷失，不知道自己身处什么位置。因此，清晰的网站结构非常重要，最常见的网站结构是按照层级形式创建的，以首页作为各个节点的根据。

网站的结构分为物理结构与逻辑结构两类。

1．网站物理结构

通俗地说，物理结构就是网站实际目录结构，就是由服务器上某个分区下面的文件夹和文件构成的树状目录。

不过，这里有个特例，就是非树状的物理结构，因为它根本没有文件夹的概念，相当于把网站中的所有文件都放置在根目录中。例如，如下这种方式叫作扁平式物理结构。

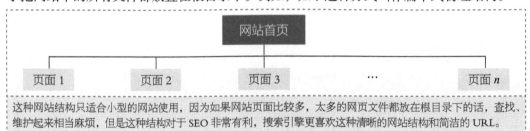

这种网站结构只适合小型的网站使用，因为如果网站页面比较多，太多的网页文件都放在根目录下的话，查找、维护起来相当麻烦，但是这种结构对于 SEO 非常有利，搜索引擎更喜欢这种清晰的网站结构和简洁的 URL。

规模大一些的网站，往往需要两到三层，甚至更多层级子目录才能保证正常存储网页，这种多层级目录也叫作树状物理结构，即根目录下再细分成多个频道或目录，然后在每一个目录下面再存储属于这个目录的终极内容网页。例如，如下的示意图。

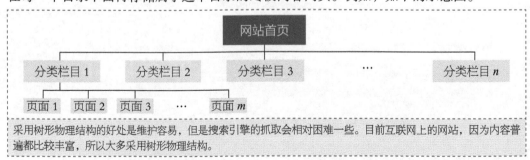

采用树形物理结构的好处是维护容易，但是搜索引擎的抓取会相对困难一些。目前互联网上的网站，因为内容普遍都比较丰富，所以大多采用树形物理结构。

从给用户的体验来讲，网站的物理结构展示方式就是这样的。下面以一个常见的品牌展示与销售网站为例，讲解该网站的层次结构。

在页面顶部的中间位置放置主导航菜单，使用户能够方便、快速进入感兴趣的频道页面。

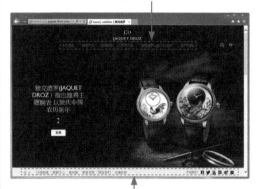

底部浮动导航提供相关的快捷访问，但是其视觉层次要低于页面中的其他内容。

在页面主导航中单击某个主导航菜单项，即可进入该频道页面中。

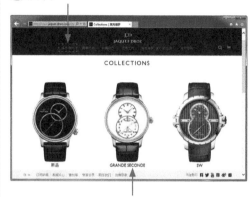

在该页面中显示的是商品的不同系列，用户单击某个系列，即可进入该系列的商品列表页面。

网站首页用于放置最新、最热门的信息内容，是网站所有卖点的聚合，并且需要引导用户通过导航菜单访问网站中的其他栏目页面。

网站频道页面是根据网站定位，对传递给用户的内容进行分类细化后的聚合页面。每个频道都有自己独特的定位，当然，它从属于网站的核心定位。

选择某一系列之后，即可进入该系列的商品列表页面。

在列表页面中单击某一个商品，进入该商品的详情页面。

网站的列表页是网站频道中某一个栏目的内容聚合页面。一般是按照时间先后顺序对内容进行排列，方便用户查找同类更多的信息。

网站的内容页也称为详情页面，这是网站层级结构中的最后一层。该网站共有 3 层结构，整个网站的层次结构非常清晰，方便用户查找和浏览内容。

> **技巧点拨**
>
> 一般来说，网站的栏目层级最多不超过 3 层，网站导航要求清晰、合理，通过 JavaScript 等技术使得层级之间伸缩便利，更加利于用户浏览，也方便搜索引擎收录。

2．网站逻辑结构

逻辑结构其实就是由网站内的链接构成的一张大的网络图，网站地图一般就是比较好的逻辑结构示意，优秀的逻辑结构设计会与整个站点的树状物理结构相辅相成。

根据前辈们的一些设计经验，我们将网站的逻辑结构设计要素总结如下。

◆　网站主页需要链接所有的频道主页。

◆　网站主页一般不直接链接内容页面，除非是非常想突出推荐的特殊页面。

◆ 所有频道主页需要与其他频道主页相互链接。

◆ 所有频道主页都需要能够返回到网站主页。

◆ 频道主页也需要链接自己本身的频道内容页面。

◆ 频道主页一般不链接属于其他频道的内容页面。

◆ 所有内容页面都需要能够返回到网站主页。

◆ 所有内容页都需要能够返回自己的上一级频道主页。

◆ 内容页可以链接到同一频道的其他内容页面。

◆ 内容页一般不链接属于其他频道的内容页面。

◆ 内容页在某些情况下，可以用适当的关键词链接到其他频道的内容页面。

专家提示

　　优秀的网站物理结构和逻辑结构都非常出色，两者既可以重合，也可以有区分，而控制好逻辑结构也会使网站的用户体验更加优异，并且能够促进和带动整个网站的页面在搜索引擎上的权重。

2.1.2　网站栏目规划

　　网站栏目的规划，其实也是对网站内容的高度提炼。即使是文字再优美的书籍，如果缺乏清晰的纲要和结构，恐怕也会被淹没在书本的海洋中。网站也是如此，不管网站的内容有多精彩，如果缺乏准确的栏目提炼，也难以得到浏览者的关注。

　　因此，网站的栏目规划首先要做到"提纲挈领、点题明义"，用最简练的语言提炼出网站中每一部分的内容，清晰地告诉浏览者网站在说什么，有哪些信息和功能。

2.1.3　网站页面策划

　　网站往往包含了很多元素，网站的解构需要从整体入手，并逐渐细化到各个细节元素。从整体来看，网站最重要的就是信息架构、内容安排和视觉设计。信息架构作为网站最核心的骨架，代表了产品内容的组织形式，表现为产品功能信息分类、分层的关系，在设计上主要体现为界面布局和导航，视觉体现为网站的配色方案。

　　网站功能区是网站除了整体布局外，组成页面的主要区域，通常按照其功能主要划分为头部、页尾、导航区、搜索区、用户登录区、主要信息展示区、广告区等功能区域，如图 2-1 所示。

　　虽然所有网站都会包括以上的各个模块和元素，但是不同类型、不同设计师设计的网站，展现出的形式是不同的。在符合设计原则和满足用户体验需求的基础上，网站的形式可以是多种多样的。

图 2-1

2.2　网站 Logo 设计

网站 Logo 是网站特色和内涵的集中体现，它用于传递网站的定位和经营理念，同时便于人们识别。通过调查发现，网站首页美观与否往往是初次访问的浏览者是否深入浏览的决定因素，而 Logo 作为访问者映入眼帘的具体形象，其重要性不言而喻。

2.2.1　网站 Logo 的特点

说到 Logo 设计，就不得不谈一下传统的 Logo 设计。传统 Logo 设计，重在传达一定的形象与信息，真正吸引我们目光的不是 Logo 标志，而是其背后的图像信息。例如，时尚杂志的封面，相信很多读者首先注意到的是漂亮的女生或是炫目的服装，如果感兴趣才会进一步了解其他相关的信息。网站 Logo 的设计与传统设计有很多相通性，但由于网络本身的限制以及浏览习惯的不同，它还有一些与传统 Logo 设计相异的特点。比如网站 Logo 一般要求简单醒目，虽然只占方寸之地，但是除了要表达出一定的形象与信息外，还得兼顾美观与协调。

作为独特的传媒符号，Logo 一直是传播特殊信息的视觉文化语言。无论是古代繁杂的龙纹，还是现代的抽象纹样、简单字标等都是在实现标识被标识体的目的，即通过对标识的识别、区别、引发联想、增强记忆，促进被标识体与其对象的沟通与交流，从而树立并保持对被标识体的认同，达到高效提高认知度、美誉度的效果。作为网站标识的 Logo 的设计，更应该遵循企业形象识别系统（CIS）的整体规律并有所突破。

网站 Logo 设计极为强调统一的原则，统一并不是反复使用某一种设计原理，而应该是将其他的任何设计原理，如主导性、从属性、相互关系、均衡、比例、反复、反衬、律动、对称、对比、借用、调和、变异等设计人员熟知的各种原理，正确应用于设计的完整表现。

| 旅行本身就是一件令人快乐的事情，该旅行社标志使用了多种鲜艳的高饱和度色彩搭配设计出凤凰的标志图形效果，与该旅行社的名称相呼应，表现出多彩、欢乐的美好生活。 | 这是一个乐园10周年的标志设计，通过多种高饱和度颜色相结合，将数字10表现为乐园过山车的图形效果，很好地表现了乐园的特点，也给人欢乐、缤纷、欢快的印象。 |

网站 Logo 强调的辨识性及独特性要求相关图案字体的设计也要与被标识体的性质有适当的关联，并具备类似风格的造型。

网站 Logo 设计更应该注重对事物张力的把握，在浓缩文化、背景、对象、理念及各种设计原理的基调上，实现对象最直观的视觉效果。在任何方面张力不足的情况下，精心设计的 Logo 常会因为不理解、不认同、不艺术、不朴实等理由而被用户拒绝或为受众排斥、遗忘。所以，恰到好处地理解用户及 Logo 的应用对象是非常有必要的。

| 杭州城市标志以汉字"杭"的篆书进行演变，体现了中国传统文化底蕴，将城市名称与无可替代的城市视觉形象合二为一，具有独特性、唯一性和经典性，也体现了该城市的文化背景和形象，非常直观。 | 运用简洁的图形构成一个女性舞蹈人物形象，寓意青春、阳光和活力，在标志字体的设计中可以运用比较纤细的字体，对字体笔画进行适当的变形处理，与舞蹈人物形象自然地契合，表现出优雅和灵动感。 |

2.2.2　网站 Logo 的设计规范

现代人对简洁、明快、流畅、瞬间印象的诉求使得 Logo 的设计越来越追求独特、高度的洗练。一些已在用户群中产生了一定印象的公司为了强化受众的区别性记忆及持续的品牌忠诚度，通过设计更独特、更易理解的图案来强化对既有理念的认同。一些知名的老企业就在积极地推出新的 Logo。

该网站 Logo 的设计比较简洁，使用与企业相关的黑白胶片图形作为 Logo 的背景，突出表现企业的性质，将企业名称的首字母处理为立体文字，并进行倾斜和透视处理，表现出很强的立体空间感，强化了用户对其企业形象的印象。

该企业网站的 Logo 设计非常简洁，主要是使用企业名称文字来表现，在设计中对文字的部分笔画进行了连接或截断处理，使 Logo 文字表现出统一的风格与连贯性，并在 Logo 文字中加入少许蓝色和绿色图形点缀，活跃 Logo 的表现效果。

但是网络这种追求受众快速认知的特性就会强化对文字表达直接性的需求，采用文字特征明显的合成文字来表现，并通过现代媒体的大量反复来强化、保持容易被模糊的记忆。

在该 Logo 标志的设计中，字体的设计简洁、清晰，运用相应的果汁水滴状的图形对字体的部分笔画进行重叠遮盖处理，使文字的表现效果与标志图形的表现效果相统一，文字有独特的联想与创意，设计醒目而不乏味。

在该 Logo 的设计中，运用传统的繁体篆刻汉字"龙"和"门"相结合，加上较粗的外边框，使主体图形看起来很像一枚印章，很好地表现了该古镇古朴的特点。

现在网站 Logo 的设计大量采用合成文字的设计方式，如 SINA、YAHOO、Amazon 等的文字 Logo 和国内几乎所有的 ISP 提供商的文字 Logo。这一方面是因为在网页中要求 Logo 的尺寸要尽可能地小；另一方面，网络的特性决定了浏览者可以仅靠对 Logo 产生短暂的记忆，然后通过低成本的大量反复的浏览加强对文字 Logo 的部分图形记忆印象。对于合成文字的追求已渐渐成为网站 Logo 的事实规范。

该企业标志的设计非常简洁，使用蓝色的天空作为背景，以简洁的白色企业名称作为标志，仅仅将部分笔画分离并设置为高饱和度红色，突出标志的表现效果，整体给人简洁、大方的印象。

该企业网站 Logo 的设计主要是通过倾斜的企业名称与三角形图形结合组成一个倾斜向上的箭头图形，寓意企业积极、向上的理念，简洁的 Logo 更容易使用户理解和产生印象。

设计网站 Logo 时，面向应用的对象做出相应规范，对指导网站的整体建设有极现实的意义。一般来说，需要规范的有 Logo 的标准色、恰当的背景配色体系、反白、在清晰表现 Logo 前提下的最小显示尺寸、Logo 在一些特定条件下的配色及辅助色等。另外应该注意文字与图案边缘要清晰，文字与图案不宜相互交叠，还可以考虑 Logo 的竖排效果以及作为背景时的排列方式等。

专家提示

　　网站 Logo 不应该只考虑在高分辨率屏幕上的显示效果，还应该考虑网站整体发展到某个高度时相应推广活动要求的效果，使其在应用于各种媒体时，也能充分发挥的视觉效果；同时应该使用能获得多数浏览者好感的造型。另外还有 Logo 在报纸、杂志等纸介质上的单色效果、反白效果，在织物上的纺织效果，在车体上的油漆效果和墙面立体造型效果等。

2.2.3 网站 Logo 的表现形式

网站 Logo 的表现形式一般可以分为特定图案、特定字体和合成字体。

1．特定图案

特定图案属于表象符号，具有独特，醒目，图案本身容易被区分、记忆的特点，通过隐喻、联想、概括、抽象等绘画表现方法表现被标识体，对其理念的表达概括而形象，但与被标识体的关联性不够直接。虽然浏览者容易记忆图案本身，但对其与被标识体的关系的认知需要相对曲折的过程，但是一旦建立联系，印象就会比较深刻。

左侧两个网站 Logo 的设计均使用了特定行业图案。使用具有行业代表性的图像作为 Logo 图形的设计，使用户看到 Logo 就知道该网站与什么行业有关，搭配简洁的文字，表现效果一目了然。

2．特定文字

特定文字属于表意符号。在沟通与传播活动中，反复使用被标识体的名称或是其产品名，用文字形态加以统一，含义明确、直接，与被标识体的联系密切，容易被理解、认知，对表达的理念也具有说明的作用。但是因为文字本身的相似性，所以很容易使浏览者对标识本身的记忆产生模糊。

左侧的两个网站 Logo 均使用了对特定文字进行艺术处理的方式来表现。使用文字来表现 Logo 是最直观的表现方式，通过对主体文字或字母进行变形处理，使其具有很强的艺术表现效果。

所以特定文字一般作为特定图案的补充，要求选择的字体与整体风格一致，尽可能做全新的区别性创作。完整的 Logo 设计，一般都应考虑至少有中英文、单独的图案、中英文的组合形式。

这两个网站 Logo 的表现效果更加丰富，将 Logo 文字进行艺术化的变形处理并且与具有代表性的 Logo 图形相结合，使得 Logo 的整体表现效果更加直观与具有艺术感，能够给人留下深刻的印象。

3．合成文字

合成文字是一种表象表意的综合，是指文字与图案结合的设计，兼具文字与图案的属性，但都导致相关属性的影响力相对弱化。其综合功能为：一是能够直接将被标识体的印象通过文字造型让浏览者理解；二是造型化的文字，比较容易使浏览者留下深刻的印象和记忆。

将文字进行变形处理与图形相结合表现出意象的效果，兼具文字的可识别性和图形的表现力，非常适合表现 Logo，能够给人留下深刻的印象。

专家提示

网站 Logo 是网站特色与内涵的集中体现，它用于传递网站的定位和经营理念，同时便于人们识别。在网页中应用 Logo 需要注意确保 Logo 的保护空间，确保品牌清晰展示，但也不能过多占据网页空间。

2.2.4　实战分析：设计影视网站 Logo

本案例设计一款影视网站 Logo，主要通过对文字的变形处理，使文字兼具图案与文字的属性，体现出影视网站的特点，整体效果简洁鲜明，主题突出。

● **色彩分析**

本案例设计的影视网站 Logo 使用橙色作为主色调，高饱和度的橙色能够给人活跃、欢乐的印象，作为该影视网站 Logo 的主色调非常合适，能够体现出电影给人们带来的欢乐印象，在 Logo 中搭配一些白色的半透明高光图形，使 Logo 的表现更加富有层次感，也体现出电影的光影效果，如图 2-2 所示。

（主色调　　辅助色　　点缀色）

图 2-2

● **设计分析**

网站 Logo 需要体现出网站的特点和主题，本案例设计的影视网站 Logo，通过对 Logo 文字的变形处理，将 Logo 文字与影视相关的图形元素相结合，体现出网站的特点，并为相应的文字图形添加高光的效果，体现出光影质感，使网站 Logo 更加具有立体感，更加生动。

● **设计步骤解析**

01. 在 Photoshop 中新建文档，网站 Logo 并没有固定的尺寸大小，建议在设计时尽可能设计得大一些，便于应用在不同的地方，如图 2-3 所示。

02. 为画布填充从白色到浅灰色的径向渐变背景，便于更好地突出 Logo 图形的表现，如图 2-4 所示。

图 2-3　　　　　　　　　　　　　　　　图 2-4

　　建议使用矢量绘图软件来设计 Logo，如使用 Illustrator，因为矢量图形可以任意缩放而不会失真，从而可以将设计的 Logo 标志应用于任何地方，包括印刷品中。

03. 输入文字并绘制图形，通过文字与图形相结合，从而得到文字的变异效果，并且很好地融入了与影视相关的元素，如图 2-5 所示。使用"钢笔工具"绘制出文字和图形的半透明白色高光图形效果，使标志图形的表现更具有光影质感，如图 2-6 所示。

图 2-5　　　　　　　　　　　　　　　　图 2-6

04. 输入网站 Logo 文字，并对文字的笔画进行简单的连笔处理，如图 2-7 所示。使用相同的制作方法，为 Logo 文字绘制半透明的白色高光图形，从而与 Logo 图形保持统一的设计风格，如图 2-8 所示。

图 2-7　　　　　　　　　　　　　　　　图 2-8

05. 至此，完成了该影视网站 Logo 的设计，要想使该网站 Logo 的展示更好看，还可以为该网站 Logo 制作镜面投影效果，最终效果如图 2-9 所示。但是在将网站 Logo 应用到设计的网页中时，还需要根据页面的实际情况决定是否保留镜面投影效果。

图 2-9

2.3　网站图标设计

图标是一种非常小的可视控件，是网页中的指示路牌，它以最便捷、简单的方式指引浏览者获取其想要的信息资源。用户通过图标上的指示不用仔细浏览文字信息，就可以很快找到自己需要的信息或者完成某项任务，从而节省大量宝贵的时间和精力。

2.3.1　了解网站图标

图标是具有指代意义的具有标识性质的图形，更是一种标识，它具有高度浓缩、快速传达信息、便于记忆的特性。图标的应用范围极为广泛，可以说是无处不在。例如，国家的图标是国旗；商品的图标是注册商标；军队的图标是军旗；学校的图标是校徽等。网页中的图标也会以不同的形式显示在网页中。

一组图标是一组图像，由各种不同的格式（大小和颜色）组成。此外，每个图标可以包含透明的区域，以方便图标在不同的背景中应用，如图 2-10 所示。

图 2-10

2.3.2　网站图标设计原则

网站设计趋向于简洁、细致，设计精良的图标可以使网站页面脱颖而出，这样的网站设计更加连贯、富有整体感、交互性更强。在网站图标的设计过程中需要遵循一定的设计原则，这样才能使设计的图标更加实用和美观，有效增强网站页面的用户体验。

1．易识别

图标是具有指代功能的图像，因为其存在的目的就是帮助用户快速识别和找到网站中相应的内容，所以必须保证每个图标都可以很容易地和其他图标区分开，即使是同一种风格，也应该如此。

试想一下，如果网站界面中有几十个图标，其形状、样式和颜色全都一模一样，那么该网站浏览起来一定会很不便。

在该连锁快餐网站中，因为每个选项的文字描述内容较多，所以以其搭配统一风格的图标设计，使各选项更容易区分。图标虽然颜色相同，但形状差异很明显，具有很高的可识别性。

2．风格统一

网页中应用的图像设计应该与页面的整体风格统一，设计和制作一套风格统一的图标会使用户从视觉上感觉网站页面的完整和专业。

该网站界面采用了卡通涂鸦的设计风格，导航栏上的各菜单选项搭配相应风格的图标设计，网站界面的整体风格统一，并且导航菜单的表现效果更加形象。

3．与网页协调

独立存在的图标是没有意义的，只有被真正应用到界面中才能实现自身的价值，这就要考虑图标与整个网页风格的协调性。

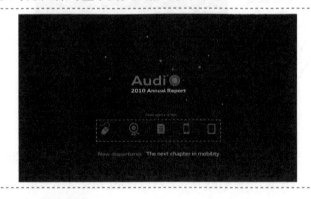

该汽车网站页面的设计非常简洁，运用较暗的渐变色背景，营造出高贵、典雅的氛围，在页面中间位置放置品牌 Logo 和简约的纯色线框图标，每个图标都代表一种操作方式，简洁、直观，随着扁平化设计趋势的流行，这种简约纯色图标在网站及移动端界面中的应用非常普遍。

4．富有创意

随着网络的不断发展，近几年 UI 设计快速崛起，网站中各种图标的设计更是层出不穷，要想让浏览者注意到网页的内容，就要对图标设计者提出更高的要求，即在保证图标实用性的基础上，提高图标的创意性，这样才能和其他图标相区别，给浏览者留下深刻的印象。

在移动端的界面设计中，要在有限的屏幕空间中体现页面的内容和功能操作，图标必不可少，而简约的线性图标是移动端界面最常用的图标。

2.3.3　网站图标应用

图标在网页中占据的面积很小，不会阻碍网页信息的宣传，另外设计精美的图标还可以为网页增添色彩。由于图标本身具备的种种优势，所以几乎每一个网页的界面中都会使用图标来为用户指路，大大提高了用户浏览网站的速度和效率，如图 2-11 所示。

在页面顶部宣传广告的大图左侧和右侧分别放置箭头状图标具有很好的指示意义，引导用户通过单击箭头图标切换宣传广告。

在页面为一些其他内容的介绍搭配了相同设计风格、不同色彩的图标，使得这些内容在页面中的表现非常突出，也避免了纯文字介绍的枯燥。

图 2-11

网页图标就是用图像的方式来标识一个栏目、功能或命令等，例如，在网页中看到一个日记本图标，就能很容易辨别出这个栏目与日记或留言有关，这时就不需要再标注一长串文字了，也避免了各个国家之间不同文字带来的麻烦。

33

在该网站页面中充分运用图形创建将页面设计成日记本的形态，在页面顶部使用统一风格的图标来表现导航菜单，与页面整体风格搭配，表现效果富有个性。

在网站页面的设计中，会根据不同的需要设计不同类型的图标，最常见的是用于导航菜单的导航图标，以及用于链接其他网站的友情链接图标。

该产品宣传页面的设计非常简洁，使用浅灰色的背景搭配色彩艳丽的饮料产品，并且左侧导航菜单文字也搭配了不同色彩的图标，使导航的效果更加突出，也更易于识别。

当网站中的信息过多，而又想将重要的信息显示在网站首页时，除了以导航菜单的形式显示外，还可以以内容主题的方式显示。网站首页的内容主题既可以是链接文字，也可以是相关的图标，而使用图标的表现方式，可以更好地突出主题内容。

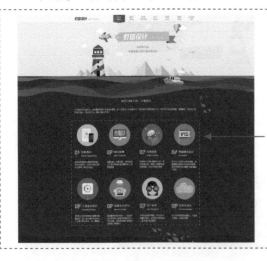

为网站页面中的各主题内容设计了风格统一的图标，图标与文字内容相结合，内容更加直观、易读。

在该设计网站中，将网站提供的服务使用图标与简介文字相结合的方式体现出来，使用户更加容易关注到该部分内容，并且图标的设计风格也与网站整体的设计风格保持了一致，更好地突出了该部分内容的表现。

2.3.4 实战分析：设计简约实用的网站图标

本案例设计一组简约风格的网站图标，主要是通过基本形状图形的加减操作得到需要的图标效果，图标的整体风格简约、直观，如图 2-12 所示。

图 2-12

● 色彩分析

　　本案例设计的简约网站图标，采用了线框图标的设计风格，这种简约图标的颜色完全受所使用的网页环境的影响，在浅色背景上使用深色的线框图标，而在深色或高饱和度颜色的背景上使用浅色或白色的线框图标，这样才能够保证其在网页中具有较高的清晰度与识别度，如图 2-13 所示。例如，在该实例的网站页面中，默认情况下在浅灰色背景上搭配的是深蓝色的线框图标，而当鼠标经过图标时，图标背景转换为高饱和度橙色，线框图标则为白色。

（主色调）　　　　　　　（辅助色）　　　　　　　（点缀色）

图 2-13

● 设计分析

　　在网站图标的设计过程中，最重要的是需要根据其在页面中的功能或作用来考虑使用什么样的图形来表现，特别是简约的线框图标，因为其本身比较简单，并没有过多的修饰，所以更需要能够非常直观、明确地表达出需要的功能或作用。本实例设计的简约图标，使用信件来表示"邮箱"功能，使用书籍来表示"图书馆"栏目，都具有非常明确的指代意义，并且在网页中为每个图标都搭配了相应的文字，能够有效吸引浏览者的注意，意义也非常明确。

● 设计步骤解析

01. 在 Photoshop 中打开设计的网站页面，需要在该网站页面中为相应的功能设计图标效果，如图 2-14 所示。在设计图标之前，首先应该分析网站的设计风格，从而确保设计的图标与网站的风格统一。

02. 使用"矩形工具"绘制浅灰色的图标背景色块，并输入该图标相应的功能文字，根据功能来设计图标效果，如图 2-15 所示。

图 2-14

图 2-15

03. 使用 Photoshop 中的矢量绘图工具，通过矢量图形的加减操作绘制出简约的线框图标效果，在绘制的过程中需要注意线框图标的线框粗细要一致，如图 2-16 所示。使用相同的制作方法，可以设计出一系列风格、大小统一的简约线框图标，如图 2-17 所示。

图 2-16

图 2-17

专家提示

同一个页面中的一组图标设计，需要使用相同的设计风格，这样才能够保证页面的统一性，否则会使页面混乱，也会让用户产生歧义。

04. 完成网页中默认状态下图标效果的设计，在鼠标经过状态下，只需要改变图标的背景颜色以及图标的颜色即可，这样能够对用户起到有效的提醒作用，效果如图 2-18 所示。

图 2-18

2.4 网站按钮设计

不论是在 PC 端还是在移动端，用户在使用网站时都是通过点击相应的按钮顺着设计师的想法进行的，如果在页面中合理使用按钮，用户就会得到很好的用户体验，如果在页面中，用户连按钮都需要找半天，或者是单击按钮出现误操作之类的，用户会直接放弃该网站。

2.4.1 网站按钮的功能

在网页中的按钮是非常重要的元素，按钮的美观性与创意是很重要的。有特点的按钮不仅能给浏览者新的视觉冲击，还能给网站页面增值加分。网页中的按钮主要有两个作用：一是提示性作用，通过提示性的文本或者图形告诉用户单击后会有什么结果；二是动态响应作用，即当浏览者进行不同的操作时，按钮能够呈现出不同的效果。

目前在网站中普遍出现的按钮可以分为两大类：一类是具有表单数据提交功能的按钮，这种可以称为真正意义上的按钮；另一类是仅仅表示链接的按钮，也可以将其称为"伪按钮"。

1．真正的按钮

当用户在网页的搜索文本框中输入关键字，单击"搜索"按钮后，网页中将出现搜索结果；当用户在登录页面中填写用户名和密码后，单击"登录"按钮，即可以会员身份登录网站。这里的"搜索"按钮和"登录"按钮都是用来实现提交表单功能的，按钮上的文字说明了整个表单区域的目的。比如，"搜索"按钮的区域显然标明这一区域内的文本输入框和按钮都是为了搜索功能服务的，不需要再另外添加标题进行说明了，这也是设计师为提高网页可用性而普遍采用的一种方式。

通过以上的分析可以得出，真正的按钮具有明确的操作目的性，并且能够实现表单提交功能。

注册表单

搜索表单

在该招聘网站首页中，可以看到有两个表单功能区域，一个是位于 Banner 图像上方右侧的注册表单，另一个是位于 Banner 图像下方的搜索表单，根据页面的设计风格，分别通过 CSS 样式设置表单提交按钮的样式效果，使其看上去更加美观，并符合网页设计风格。

专家提示

实现表单提交功能的按钮的表现形式可以大致分为系统标准按钮和使用图片自制的按钮两种类型，系统标准按钮的设计起源是模拟真实的按钮，无论是真实生活中的按钮，还是网页上的系统标准按钮，都具有很好的用户反馈。

2．伪按钮

在网页中为了突出某些重要的文字链接而将其设计为与网页风格相统一的按钮形式，使其在网页中的表现更加突出，吸引用户的注意，这样的按钮称为伪按钮。网页中大量存在这样的按钮，其从表现上看是一个按钮，而实际上只是提供了一个链接。

该网站页面的设计风格非常简洁，在页面中间部分使用伪按钮来突出表现两个重要的选项，引起用户的注意，而实色背景的按钮比线框背景的按钮具有更加强烈的视觉比重，这样能够有效突出重点信息，并引导用户点击操作。

造成伪按钮泛滥的最根本原因还在于相当多的设计师还没有意识到伪按钮与真正按钮的区别，在设计过程中随意使用按钮这种表现形式。伪按钮最好不要使用按钮的表现形式，这样会容易使用户误解，降低用户的使用效果。

2.4.2 如何设计出色的网站按钮

用户每天都会接触各种按钮，从现实世界到虚拟的界面，从移动端到桌面端，它是如今界面设计中最小的元素之一，同时也是最关键的控件。在设计按钮时，是否想过用户会在什么情形下与之交互？按钮能够在与用户交互后为用户提供什么样的反馈信息？

接下来就深入设计细节当中，讲解如何才能够设计出出色的交互按钮。

1．按钮需要看起来可点击

用户看到网站页面中可点击的按钮会有点击的冲动。想要使页面中的按钮看起来可点击，需要注意下面的技巧。

（1）增加按钮的内边距，使按钮看起来更加容易点击，引导用户点击。

（2）为按钮添加微妙的阴影效果，使按钮看起来"浮动"出页面，更接近用户。

（3）为按钮添加鼠标悬浮或点击操作的交互效果，如色彩的变化等，提示用户。

该旅游网站页面为下载功能设置了按钮，并且为下载不同类型的文件设置了不同的按钮颜色进行区分，因为该网站页面使用了图像作为页面背景，为了使按钮能够从背景中突显出来，还为按钮添加了阴影效果，按钮在页面的视觉效果鲜明，功能明确，能够给用户很好的引导。

2．按钮的色彩很重要

按钮作为用户交互操作的核心，在页面中适合使用特定的色彩突出强调，但是按钮色彩需要根据整个网站的配色来搭配。

网页中按钮的色彩应该是明亮、迷人的，这也是为什么那么多 UI 设计都喜欢采用明亮的黄色、绿色和蓝色按钮的原因。要想按钮在页面中具有突出的视觉效果，最好选择与背景色对比强烈的色彩作为按钮的色彩进行设计。

该网站页面使用深灰蓝色的三维动态场景作为页面的整体背景，在页面中间位置放置简洁的白色主题文字和明亮的黄色按钮，黄色的按钮与深灰蓝色的页面背景形成鲜明的视觉对比，在页面中的效果非常突出。并且该按钮还添加了交互动画效果，当鼠标移至该按钮上方时，按钮放大并变为白色的背景与黄色的按钮文字，无论是在视觉效果，还是在交互上，都给用户很好的体验。

专家提示

　　按钮的色彩还需要注意品牌的用色，设计师需要为按钮选取与页面品牌配色方案相匹配的色彩，它不仅需要有较高的识别度，还需要与品牌有关联性。无论页面的配色方案如何调整，按钮首先要与页面的主色调保持关联与一致。

3．按钮的尺寸

　　只有当按钮尺寸够大时，用户才能在刚进入页面时就被它吸引，这里所说的大不仅仅是尺寸上的大，在视觉重量上同样要"大"。

专家提示

　　按钮的大小尺寸也是一个相对值。有时，同样尺寸的按钮，在这个页面中是完美的大小，在另外一个页面中可能就过大了。在很大程度上，按钮的大小取决于周围元素的大小比例。

因为该网页的最终目的是使用户下载宣传的软件，所以在该页面中，软件的下载按钮才是视觉焦点，在页面中间位置放置较大尺寸的按钮，周围运用了充分的留白，并且按钮采用了高饱和度的鲜艳色彩，与背景的浅色形成鲜明对比，使按钮的效果非常突出，引导人们点击。

4．按钮的位置

　　按钮应该放置在页面的哪些位置？页面中的哪些地方能够为网站带来更多的点击量？

　　绝大多数情况下，应该将按钮放置在一些特定的位置，如表单的底部、在触发行为操作的信息附近、在页面或者屏幕的底部、在信息的正下方。因为无论是在 PC 端，还是在移动端的页面中，这些位置都遵循了用户的习惯和自然的交互路径，使用户的操作更加方便、自然。

在该页面中将统一风格的按钮放置在屏幕的底部，用户在查看网页内容时，视线自然向下流动到按钮上，并且3个按钮应用了统一的设计风格，用户可以通过按钮上的描述文字来区别按钮功能。

在该移动端页面中，根据按钮的功能进行分组，登录按钮更加靠近表单元素，使用户更容易理解，并且高饱和度色彩按钮与灰暗的背景以及页面中的其他元素都能够形成很好的对比效果，按钮的表现效果突出。

5．良好的对比效果

几乎所有类型的设计都会要求对比度，在设计按钮时，不仅要让按钮的内容（图标、文本）能够与按钮本身形成良好的对比，而且按钮也要与背景以及周围元素形成对比效果，这样才能使按钮在页面中突显出来。

"加入购物车"按钮与"分享"按钮放置在一起，但颜色不同，起到明显的区分和突出重点作用。

在该产品页面中使用黑色和白色作为页面的主色调，而页面的"加入购物车"按钮则使用了大尺寸、高饱和度的红色进行突出表现，不仅与无彩色的背景以及周围元素形成强烈对比，而且与该品牌的Logo颜色相呼应，引导用户点击。

6．使用标准形状

尽量选择使用标准形状的按钮。

矩形按钮（包括方形和圆角矩形）是最常见的按钮形状，也是大家认知中按钮的默认形状，它符合用户的认知习惯。当用户看到它时，会立刻明白应该如何与之交互。至于是使用圆角矩形还是直角矩形，就需要根据页面的整体设计风格决定。

矩形和圆角矩形按钮在网页中的应用最为最见，在该网站页面中使用图片作为页面的满屏背景，在页面中间位置放置简洁的粗体大号白色文字和红色的矩形按钮，鲜艳的红色使按钮非常突出，并且能够与页面中的Logo形成呼应的效果。

圆形按钮广泛适用于时下流行的扁平化设计风格，目前也能够被大多数的用户接受。

在该页面中使用商业地产不同业态的宣传效果图通过几何拼接作为页面背景，在页面中间位置放置了较大尺寸的圆形按钮，在页面中对背景图片的色调进行了调暗处理，高饱和度蓝色的圆形按钮在页面中的视觉效果非常突出。

7．明确告诉用户按钮的功能

每个按钮会都会包含按钮文本，它会告诉用户该按钮的功能。所以，按钮上的文本要尽量简洁、直观，并且要符合整个网站风格的语调。

用户单击按钮时，按钮指示的内容和结果应该合理、迅速地呈现在用户眼前，无论是提交表单、跳转到新的页面，用户单击该按钮都应该获得预期的结果。

不同功能的按钮使用了不同的颜色表现，并且对不同功能的按钮进行了分组，使页面的视觉区域更加清晰。

在该游戏界面网站页面设计中，为不同的功能和内容都设计相应的圆角矩形按钮，并且按钮采用了与背景图像形成对比的色彩搭配，使按钮的表现效果非常清晰、明确。在每个按钮上都明确标注了该按钮的功能和目的，表达目的明确，不会给用户造成困扰。

8．赋予按钮更高的视觉优先级

几乎每个页面都会包含众多不同的元素，按钮应该是整个页面中独一无二的控件，它在形状、色彩和视觉重量上，都应该与页面中的其他元素区分开。试想一下，页面中的按钮比其他控制元素都要大，色彩在整个页面中也是最鲜艳突出的，那它绝对是页面中最显眼的。

高饱和度的按钮在灰蓝色的页面中表现效果非常突出，用户一眼就能够注意到。

在该网站页面中，页面背景采用明度和纯度较低的灰蓝色，而页面中用于实现重要功能的按钮则采用了鲜亮的蓝色，使其在页面中的表现效果非常突出，在页面中拥有最高的视觉级别。

页面中高亮突出表现的按钮或图标一个用于实现表单数据的提交，另一个位于界面的右下角，用于实现在线沟通功能。

2.4.3 实战分析：设计游戏网站按钮

本案例设计游戏网站按钮，主要是为图形添加多种图层样式，体现出按钮图形的质感，再绘制高光，使按钮的质感表现更加强烈，并且能与网页的设计风格统一，如图2-19所示。

图 2-19

● 色彩分析

本案例设计的游戏网站按钮使用了与网站页面同色系的蓝色作为主色调，使用高明度的蓝色渐变作为按钮的背景色，搭配深蓝色的按钮文字，使按钮层次分明，视觉效果明亮，应用在深蓝色的网站页面中，效果比较突出，页面的整体色调统一，如图2-20所示。

（主色调）　　　　（辅助色）　　　　（文字颜色）

图 2-20

● 设计分析

按钮的设计风格一定要和网站页面的整体风格统一。在本案例设计的游戏网站按钮中，绘制圆角矩形，通过添加多种图层样式表现出该按钮的质感，接着为按钮添加纹理效果和高光效果，最后输入按钮文字并为文字添加相应的图层样式，整个按钮给人很强的质感和立体感。

● 设计步骤解析

01. 在Photoshop中打开游戏网站设计图片，需要在该网站中设计相应的按钮，如图2-21所示。使用"圆角矩形工具"，在页面中的合适位置绘制一个任意颜色的圆角矩形，这个圆角矩形就是该按钮的轮廓，如图2-22所示。

图 2-21　　　　　　　　　　　　　　　　　图 2-22

02. 为该圆角矩形添加多种图层样式，此处图层样式的添加与设置是关键，通过这些图层样式能够实现富有层次感的按钮背景效果，如图 2-23 所示。为了使该按钮的质感更加强烈，还可以使用"画笔工具"，在按钮下部分的位置涂抹白色，然后设置图层的"混合模式"，即可获得富有质感的光影效果，如图 2-24 所示。

图 2-23　　　　　　　　　　　　　　　　图 2-24

03. 使用"钢笔工具"，为按钮局部细节绘制半透明的高光图形，增强按钮的质感效果，如图 2-25 所示。在按钮上输入文字，并添加相应的图层样式，即可完成该游戏按钮的制作，最终效果如图 2-26 所示。

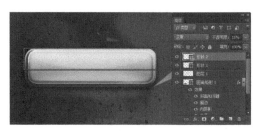

图 2-25　　　　　　　　　　　　　　　　图 2-26

2.5　网站导航设计

　　导航是网站中不可缺少的基础元素之一，它是网站信息结构的基础分类，也是浏览者浏览内容的路标。导航的设计应该引人注目，浏览者进入网站，首先会寻找导航，通过导航条可以直观地了解网站的内容及信息的分类方式，判断网站是否有自己需要和感兴趣的内容。因此，导航设计的好坏对提升用户体验有至关重要的作用。

2.5.1　了解网站导航

　　在网站中，导航可以使浏览者在每个网页间自由地来去，引导用户在网站中到达他想到达的位置，这就是网站中都包含很多导航要素的目的。在这些元素中有菜单按钮、移动图像和链接等各种对象，网站的页面越多，包含的内容和信息越复杂，那么网站导航元素的构成和形态是否成体系、位置是否合适将是决定该网站能否成功的重要因素。一般来说，在网页的上端或左侧设置主导航要素是比较普遍的方式。

该设计类网站非常简洁，使用日常工作中每天都要用的工作台作为整个页面的背景图像，在页面底部采用图标与文字相结合的方式表现导航菜单选项，无论是从色彩还是尺寸大小来说，导航菜单都是网站页面中最醒目的元素，还为导航菜单添加了交互效果，增强页面的交互性。

交互式网站导航

向下的简约剪头图标，提示浏览者向下浏览更多的页面内容。

　　像这样已经普遍使用的导航方式或样式，能给用户带来很多便利，因此现在许多网站都使用已经被大家普遍接受的导航样式。

　　有些网站为了把自己与其他的网站区分开，并让人感觉富有创造力，就在导航的构成或设计方面，打破了那些传统的已经被普遍使用的方式，另辟蹊径，自由地发挥自己的想象力，追求导航的个性化。

该商业地产宣传网站使用全景的效果图作为页面的背景，给人强烈的视觉冲击感，而页面中的导航菜单采用了个性化的菱形拼接方式，并且每个菜单选项都使用了不同的半透明色块来表现，既不会影响背景效果的表现，又有效突出了各菜单选项。

菱形拼接网站导航

专家提示

　　独特和个性的导航菜单设计能够有效增强页面的个性，但是，重要的是设计师应该把导航要素的构成设计得符合整个网站的总体要求和目的，并使之趋于合理化，而不能滥用个性化导航。

　　一般来说，导航元素应该设计得直观明确，并最大限度地为用户的使用方便考虑。设计师在设计网站时应该尽可能地使网站各页面间易于切换，查找信息更快捷，操作更简便，这样才能够给用户带来更好的体验。

　　交互式动态导航能够给用户带来新鲜感和愉悦感，它并不是单纯的鼠标移动效果。尽管交互式导航有很多优势，但是交互式动态导航不能忽略其本身最主要的性质，即可用性。设计师在设计交互式导航时要引导用户参与到交互式导航的互动活动中。

目前，在网站页面中最常见的交互式导航就是下拉菜单导航，当鼠标移至某个主菜单项时，在其下方显示相应的子菜单项。除此之外，移动端响应式导航也属于交互式导航。

交互式下拉导航设计

专家提示

交互式动态导航效果的应用给网页带来了前所未有的改变，使网页风格更加丰富，更具欣赏性。

2.5.2　导航在网站页面中的布局位置

网站导航如同启明灯，为浏览者顺畅阅读提供了方便的指引作用。将网站导航放在怎样的位置才可以既不过多占用网页空间，又可以方便浏览者使用呢？这是用户体验必须考虑的问题。

导航元素的位置不仅会影响网站的整体视觉风格，而且关系到网站的品位及用户访问网页的便利性。设计者应该根据网页的整体版式合理安排导航元素的位置。

1．布局在网页顶部

最初，网站制作技术发展并不成熟，因此，在网页的下载速度上还有很大的局限性。由于受浏览器属性的影响，通常情况下在下载网页的相关信息内容时，都是按从上往下的顺序下载。因而将重要的网站信息放置于页面的顶部。

目前，虽然下载速度不再是决定导航位置的重要因素，但是很多网站依然使用顶部导航结构。这是由于顶部导航不仅可以节省网站页面的空间，而且符合人们长期以来的视觉习惯，方便浏览者快速捕捉网页信息，引导用户使用网站，可见这是设计的立足点与吸引用户最好的方式。

该网站页面采用横向导航形式，将导航菜单放置在页面的顶部，并且通过通栏的背景色块来突出导航菜单，色彩则采用了与页面主体内容形成强烈对比的白色，使得导航菜单在网页中特别醒目、突出。

技巧点拨

　　在不同的情况下，顶部导航起到的作用也是不同的。例如，在网站页面内容较多的情况下，顶部导航可以起到节省页面空间的作用。然而，当页面内容较少时，就不宜使用顶部导航结构；这样只会增加页面的空洞感。因而，设计师在选择运用导航结构时，应根据整个页面的具体需要，合理、灵活地运用导航，从而设计出符合大众审美标准、具有欣赏性的网站页面。

2．布局在网页底部

　　在网页底部放置导航的情况比较少见，因为受屏幕分辨率的限制，位于页面底部的导航有可能在某些分辨率的屏幕中不能完全显示出来，当然也可以采用定位技术将导航菜单浮动显示在屏幕的下方。

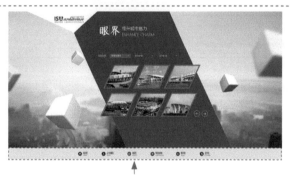

该网站页面的内容排版比较独特，使用科技感图片作为页面背景，在页面中使用倾斜色块的拼接作为页面内容的背景，使页面表现出很强的现代感。在网站页面的底部使用浅灰色色块来突出表现导航菜单，并且每个导航菜单选项都设计了风格统一的图标，使得导航菜单选项更易于识别。

在网站页面底部放置导航菜单，并为每个导航菜单项搭配相应的图标

　　这并不代表底部导航没有存在的意义了，它本身还是存在相应优势的，例如，底部导航对上面区域的限制因素比其他布局结构都要小。它还可以给网页内容、公司品牌留下足够的空间，浏览者浏览完整个页面，希望继续浏览下一个页面时，最终会到达导航所在的页面底部位置，这样就丰富了页面布局的形式。在设计网站页面时，设计师需要根据整个页面的布局灵活运用，设计出独特的、有创意的网页。

在网站页面中充分运用留白处理，通过交互动画的方式展示产品形象

底部网站导航

该酒类宣传网站非常简洁，页面中使用大量的留白来突出展现产品形象，并且通过交互动画的形式，让用户参与到网站互动中来。因为页面内容较少，所以将导航菜单放置在页面底部，将品牌 Logo 与导航菜单相结合，并且为各导航菜单文字设置了不同的颜色，从而增强页面的活跃气氛。

3．布局在网页左侧

　　在网络技术发展初期，将导航布局在网页左侧是最常用的、最大众化的导航布局结构，它占用网页左侧空间，较符合人们的视觉流程，即自左向右的浏览习惯。为了使网站导航更加醒目，更方便用户了解页面，在设计左侧导航时，可以采用不规则的图形来设计导航形态，也可以运用鲜艳的色块作为背景与导航文字形成鲜明的对比，但是需要

注意的是，在设计左侧导航时，应该考虑整个页面的协调性，采用不同的设计方法设计出不同风格的导航效果。

左侧网站导航

该咖啡宣传网站采用垂直导航，将垂直导航放置在页面的左侧部分，并通过黑色的背景色块来突出导航菜单的表现，而且背景色块的形状还带有一些弧度，导航菜单结构清晰，非常便于识别和操作。

一般来说，左侧导航结构，比较符合人们的视觉习惯，而且可以有效弥补因网页内容少而具有的网页空洞感。

技巧点拨

导航是网站与用户沟通最直接的、最快速的工具，它具有较强的引导作用，可以有效避免因用户无方向地浏览网页带来的诸多不便。因此，在不影响整体布局的情况下，需要注重体现导航的突出性，即使网页左侧导航采用的色彩及形态会影响表现右侧的内容，也没有关系。

4．布局在网页右侧

随着网站制作技术的不断发展，导航的放置方式越来越多样化。将导航元素放置于页面的右侧也开始流行起来，由于人们的视觉习惯都是从左至右、从上至下，因此，这种方式不利于用户快速进入浏览状态，在网站设计中，右侧导航使用的频率较低。

右侧网站导航

该网站采用右侧垂直导航菜单的表现形式，使用明度和纯度较高的不规则黄绿色背景色块进行突出表现，与整个页面的深灰色形成非常鲜明的对比，虽然将导航菜单放置在了页面的右侧，但是其依然非常醒目和突出。

相对于其他的导航结构而言，右侧导航会使用户感觉到不适、不方便。但是，在设计网站时，如果使用右侧导航结构，将会突破固定的布局结构，给浏览者耳目一新的感觉，从而引导用户更加全面地了解网页信息以及设计者采用这种导航方式的意图。采用右侧导航结构，丰富了网站页面的形式，形成了更加新颖的风格。

该休闲零食网站页面风格独特、新颖，将整个网站页面设计成一个日式风格的店铺形式，为了使导航菜单与整个页面的设计风格统一，在页面的右侧以垂直方式表现导航菜单，风格新颖、独特，给人留下深刻的印象。

尽管有些人认为这种方式不会影响用户快速进入浏览状态，但事实上，受阅读习惯的影响，图形用户并不考虑使用右侧导航，在网页中也不常出现右侧导航，所以我们并不推荐使用这种导航形式。

5．布局在网页中心

将导航布局在网站页面的中心位置，其主要目的是强调，而并非节省页面空间。将导航置于用户注意力的集中区，有利于帮助用户更方便地浏览网页内容，而且可以增加页面的新颖感。

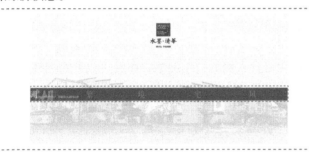

该网站页面非常简洁，使用若隐若现的黑白图片作为页面的背景，在页面中间放置水平通栏的导航菜单，通过红色背景色块来突出表现导航菜单，与Logo 图形的色彩统一，表现出很强的意境美。

一般情况下，将网页的导航放置于页面的中心在传递信息的实用性上具有一定的缺陷，在页面中采用中心导航，往往会给浏览者简洁、单一的视觉印象。但是，在进行网页视觉设计时，设计者巧妙地将信息内容构架、特殊的效果、独特的创意结合起来，同样可以产生丰富的页面效果。

以上介绍了 5 种 PC 端网站页面中导航菜单的布局方式，其中布局在页面顶部和左侧是最为常见的形式，而布局在页面底部、右侧和中间位置仅适用于内容较少的页面。

6．响应式导航

随着移动互联网的发展和普及，移动端的导航菜单与传统 PC 端的网页导航形式产生了一定的区别，主要表现为移动端为了节省屏幕的显示空间，通常采用响应式导航菜单。默认情况下，在移动端网页中隐藏导航菜单，在有限的屏幕空间中充分展示网页内容，在需要使用导航菜单时，再单击相应的图标来滑出导航菜单，常见的滑出导航菜单方式有侧边滑出菜单、顶部滑出菜单等形式。

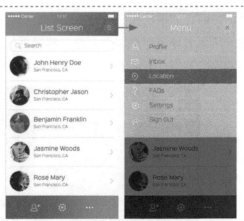

> 该移动端页面采用左侧滑入导航，当用户需要进行相应操作时，可以单击相应的按钮，滑出导航菜单，不需要时可以将其隐藏，节省界面空间。

> 该移动端页面采用顶端滑入导航，并且导航使用鲜艳的色块与页面其他元素相区别，不需要使用时，可以将导航菜单隐藏。

专家提示

　　侧边式导航又称为抽屉式导航，在移动端网站页面中常常与顶部或底部标签导航结合使用。侧边式导航将部分信息内容隐藏，突出了网页中的核心内容。

2.5.3　网站导航设计的基本原则

　　为了使导航能够快速、方便地帮助用户定位信息，在设计时应该遵循以下原则。

1．减少选项数目

　　将信息进行合理的分类，尽量减少导航的数目，平衡导航的深度和广度将影响用户查找信息的效率。

2．提供导航标志

　　加强用户定位，以减少由于导航选项过多而给用户造成的迷失。这可以通过提供参考点，即导航标志来实现，通常导航标志是界面上的持久信息。

始终固定于网站页面顶部的导航菜单，可以清晰地指引用户

> 该宠物食品动宣传网站将导航菜单固定于页面顶部，无论用户当前位于网站中的哪个页面，都可以在顶部找到导航菜单，清晰地指引用户。并且当前访问的页面，在导航菜单中也使用了不同的背景图形与其他导航菜单选项区别显示，有效帮助用户定位当前的位置。

专家提示

　　在很多网络应用中，多个界面之间会存在视觉联系，例如颜色、图标或者页面顶端的标签条，这些视觉信息不仅提供了清晰的导航选项，而且有效地帮助用户定位导航位置。

3．提供总体视图

　　界面总体视图与导航标志的作用相同，即帮助用户定位。不同的是，总体视图帮助用户定位内容，而不是位置。因此总体视图在空间位置上应该是固定的，内容取决于正在导航的信息。基于网络的应用，总体视图通常以文本的形式出现，即通常所说的"面包屑"导航和无处不在的层级显示，它们不仅起到标示用户在网络应用中的位置的作用，还可以直接操作，实现不同界面之间的跳转。

该网站页面在顶部 Banner 图片的下方放置面包屑路径导航,通过该面包屑路径导航,用户可以非常清晰地了解当前所在的位置,并且为面包屑路径中除当前页面以外的路径页面都添加了相应的链接,用户在面包屑路径中单击链接,即可跳转到相应的页面,非常方便。

4.避免复杂的嵌套关系

在程序编写中经常会将代码层级嵌套,但是在导航设计中应该尽量避免这种层次关系。因为在物理世界中,例如文件柜,信息的存储和检索存在于一个单层分组中,而不会存在于嵌套的层次中。在用户的概念模型中倾向于以单层分组来组织信息,避免嵌套结构过于抽象和复杂。所以在导航设计中避免选项之间过于复杂的层级嵌套是非常必要的。

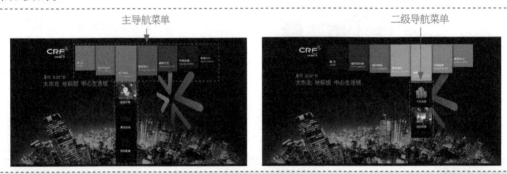

该地产宣传网站的导航设计比较出色,在页面顶部以水平方式放置导航菜单选项,当鼠标指针移至某个主导航菜单选项上方时,将会以交互动画的方式突出表现当前选择的主导航菜单选项,并且在该主导航菜单选项的下方显示其二级导航选项。鼠标指针移至不同的主导航菜单选项上方时,会显示不同的导航菜单颜色,有效区分不同的导航菜单选项,并且简单的菜单层级关系有效避免了复杂的嵌套。该网站的导航菜单表现效果直观、清晰、突出。

> **技巧点拨**
>
> 除了合理应用产品信息架构外,导航设计还包含视觉设计和交互方式设计。在设计时,应该符合交互产品的设计理念和整个界面的设计风格,不同导航类型及与产品主内容区别明显,不同界面导航的视觉风格和交互方式应该保持一致。

2.5.4 实战分析:设计汽车网站导航菜单

本实例设计的汽车网站导航菜单,采用通栏的方式放置在页面顶部,使导航与网页形成整体,在设计中主要使用"矩形工具"绘制相应的矩形色块来区分导航菜单的各部分,非常简洁、大方,如图 2-27 所示。

图 2-27

● 色彩分析

　　黑、白、灰属于无彩色系，可以与任意颜色搭配。本实例网页使用大背景图的展示方式，导航菜单在背景图上方使用深灰色作为主色调，体现出尊贵和品质感，并且使用明度不同的灰色来区分主导航与副导航，功能区分明显、色调统一。使用纯度较高的蓝色矩形背景突出当前正在访问的菜单项，蓝色与网页背景图像的色彩相呼应，整体色彩搭配简洁、自然、重点突出，体现出品质感，如图 2-28 所示。

（主色调）　　　　　（辅助色）　　　　　（点缀色）　　　　（文字颜色）

图 2-28

● 设计分析

　　本实例设计汽车网站扁平化导航菜单，在页面最上方使用横向排列的传统方式表现网站导航，使用简洁的矩形构成导航背景，通过明暗两条直线分割主导航和副导航，体现出导航的分割和层次感。通过高纯度色彩的矩形体现当前正在访问的菜单项，并且对矩形进行倾斜处理，与汽车网站相吻合，表现出动感，重点突出。

● 设计步骤解析

01. 在 Photoshop 中新建文档，将页面尺寸设置为 1 400px×651px，为了使导航菜单更符合页面的要求，需要在一张网页头部广告图片中设计该导航菜单，如图 2-29 所示。

02. 拖入汽车广告图片作为背景，并在广告图片中添加广告主题文字，图片选择的好坏对于页面的整体视觉效果来说非常重要，好的图片能够大大提升页面的吸引力，如图 2-30 所示。

图 2-29

图 2-30

03. 使用"矩形工具"在页面顶部绘制通栏的矩形，通过调整锚点，可以调整矩形为倾斜的效果，使用"直线工具"绘制分割线，划分出主导航菜单部分与二级导航菜单部分，如图 2-31 所示。

图 2-31

目前，大多数网站的导航菜单设计都比较简单，通常都是色块背景加导航菜单文字的形式，但在设计过程中要注意细节的表现。例如，本案例的主导航菜单背景使用了两种不同明度的深灰色进行倾斜叠加，而主导航菜单与二级导航菜单的分隔线采用了一明一暗两条线，这样的处理方式能够有效增强导航菜单的层次感。

04. 拖入网站 Logo，将其放置在页面左上角，添加导航菜单文字，注意主导航菜单文字要比二级导航菜单文字更加突出，如图 2-32 所示。

图 2-32

05. 绘制蓝色的矩形，对其进行倾斜变换操作，用于突出表现当前选中的导航菜单选项，倾斜的背景色块使导航菜单更加富有动感，并为主导航菜单绘制向下方向的三角形，指示该主导航菜单的二级菜单，如图 2-33 所示。

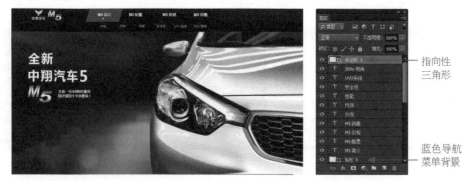

指向性
三角形

蓝色导航
菜单背景

图 2-33

06. 在主导航菜单右侧的灰色区域部分添加次要的导航菜单选项，完成该导航菜单的设计，最终效果如图 2-34 所示。

图 2-34

2.6 网站广告设计

网站已经成为企业形象和产品宣传的重要方式之一，而广告则是大多数网站页面不可或缺的元素，但是如何合理地在网站页面中设置广告位，使广告得到最优的展示效果，但又不影响网站页面中其他元素的表现，这也是设计师需要考虑的问题。

网页中广告最基本的要求就是广告的设计需要符合网站的整体风格，避免干扰用户的视线，而且避免喧宾夺主。

2.6.1 网站广告的常见类型

网站广告的形式多种多样，形形色色，也经常会出现一些新的广告形式。就目前来看，网站广告的主要形式有以下几种。

1．文字广告

文字广告是最早出现，也是最为常见的网站广告形式。网站文字广告的优点是直观、易懂、表达意思清晰。缺点是太过于死板，不容易引起人们的注意，没有视觉冲击力。

网站中还有一种文字广告形式，就是在搜索引擎中搜索时，在搜索页的右侧会出现相应的文字链接广告。这种广告是根据浏览者输入的搜索关键词变化的，这种广告的好处就是可以根据浏览者的喜好提供相应的广告信息，这是其他广告形式难以做到的，如图 2-35 所示。

综合门户网站中的文字广告形式

搜索引擎页面右侧的文字广告

图 2-35

2．Banner 广告

Banner 广告主要是以 JPG、Gif 或 Flash 格式建立的图像或动画文件，在网页中大多数用来表现广告内容。目前以使用 HTML5、CSS 样式和 JavaScript 相结合实现的交互性广告最为流行。

Banner 广告

该汽车宣传网站页面的顶部放置通栏的 Banner 广告，并且将该 Banner 广告与顶部导航菜单相结合，用户进入该网站就能够被精美的 Banner 广告所吸引，这也是目前大多数网站采用的宣传广告形式。

3．对联式浮动广告

这种形式的网站广告一般应用在门户类网站中，普通的企业网站中很少运用。这种广告的特点是可以跟随浏览者对网页的浏览，自动上下浮动，但不会左右移动，因为这种广告一般都是在网站界面的左右成对出现，所以称之为对联式浮动广告。

4．网页漂浮广告

漂浮广告也是随着浏览者对网页的浏览而移动位置，这种广告在网页屏幕上做不规则的漂浮，很多时候会妨碍浏览者正常浏览网页，优点是可以吸引浏览者的注意。目前，在网站界面中这种广告形式已经很少使用。

5．弹出广告

弹出广告是一种强制性的广告，不论浏览者喜欢或不喜欢看，广告都会自动弹出来。目前大多数商业网站都有这种形式的广告，有些是纯商业广告，有些是发布的一些重要消息或公告等。当然，这种广告通常会在弹出数秒之后自动消失，不影响用户阅读网站内容。

弹出广告

弹出式广告通常出现在综合门户类网站中，通常是刚打开该网站首页时弹出，这种广告通常会在弹出数秒之后自动消失，不影响用户阅读网站内容。

2.6.2　如何设计出色的网站广告

网站广告和传统广告一样，都有制作的标准和设计的流程。网站广告在设计制作之前，需要根据客户的意图和要求，将前期调查的信息加以分析综合，整理成完整的策划资料，它是网站广告设计制作的基础，是广告具体实施的依据。

1．为广告选择合适的排版方式

选择好广告在网页中的投放区域后，尽量选择适合阅读习惯的横向广告，这样的广告效果较好。采用较为宽松的横向排版方式，浏览者可以非常方便地在一行内获取更多的广告文字信息，而不用像阅读较窄的广告那样每隔几个词就得跳转一行。

网页中广告的位置与排版需要适合用户的阅读方式，商业类网站的首页大多会在顶部的导航菜单下方放置横向的通栏广告，用于宣传网站的商品或者服务，而广告多采用横向的排版方式，将简洁的广告文字与图像相结合，并且要突出文字的易读性。

2．为广告选择合适的配色

颜色的选择会直接影响到广告的表现效果，合适的广告配色有助于用户关注并点击广告。反之，用户可能直接跳过去。因为浏览者通常只注网站的主要内容，而忽略其余的一切。

网页中广告的配色需要与整个页面的设计风格相符，在该网站首页中，导航栏下方的通栏广告运用了木纹色的背景纹理搭配人物形象与文字，给人舒适、自然的感觉，并且木纹色也与导航菜单中当前选中选项的色彩相呼应。

3．融合、补充或对比

融合是指广告的背景和边框与网页的背景颜色一致。如果网站采用白色背景，建议使用白色或其他浅色的广告背景颜色。一般来说，黑色的广告标题、黑色或灰色的简介字体、白色的背景颜色是不错的选择。

在该产品宣传网站页面中，将产品形象自然融入整个页面中，成为页面的一部分，并且网站页面的色彩搭配也取自该商品的包装色彩，使用接近黑色的深灰色作为主色调，在页面中搭配金色的标题文字和白色的内容文字，表现效果简洁而醒目，网站内容与商品广告有效地融合在一起。

补充是指广告可以使用网页中已经采用的配色方案，但这个配色方案与该广告的具体投放位置的背景和边框可以不完全一致。

对比是指广告的色彩与网站的背景形成鲜明的反差，建议在网页比较素净或者页面广告比较多的情况下，为了突出广告的视觉效果时使用这种方式。

在该产品宣传网站页面顶部的导航菜单下方放置通栏的产品宣传广告，广告的色彩搭配采用强对比的方式，左半部分为蓝色调，与整个页面的色彩统一，右半部分则运用洋红色调，不仅广告栏的左右部分形成强烈对比，也与整个页面形成对比，使广告效果更加突出。

2.6.3 实战分析：设计家电网站宣传广告

本案例设计一个家电网站宣传广告，运用画面左右明度的对比来突出产品和主题的表现效果，并且主题文字采用细线字体和简约的设计方法，使整个广告画面给人高档感，如图 2-36 所示。

图 2-36

● 色彩分析

深蓝色给人稳重和安全感，作为背景色可以让金色的文字更加突出，显示出广告的主题，再加上白色文字的补充，白色是文字最常用的颜色，让促销信息更加清晰明确，使广告页面更加舒适和色彩统一，如图 2-37 所示。

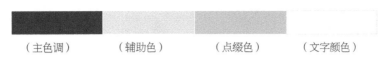

| （主色调） | （辅助色） | （点缀色） | （文字颜色） |

图 2-37

● 设计分析

本案例设计的家电上市推广图使用色块来分割画面背景，在中间部分放置产品图像，右侧运用简约的文案内容表现主题，并且文案内容引人遐想，画面的构成非常简约，给人高档感。在设计处理过程中需要注意细节的表现。

● 设计步骤解析

01. 在 Photoshop 中新建文档，将页面尺寸设置为 1 920px × 600 px，如图 2-38 所示。因为该网站广告在网站页面中将作为通栏广告使用，所以在设计时尽可能将广告设置得宽一些，在网站页面中应用时可以更好地适应较大分辨率显示器的浏览。

02. 拖入该家电图片作为广告背景，并绘制深蓝色的倾斜背景色块对广告画面进行倾斜分割，表现出强烈的对比效果，如图 2-39 所示。

图 2-38

图 2-39

03. 为色块部分添加线条状纹理，并使用大号字体表现主题文字，如图 2-40 所示。通过素材图像的叠加以及为文字添加星光效果，有效突出广告主题文字的表现，如图 2-41 所示。

图 2-40

图 2-41

04. 拖入产品图像，将其放置在广告画面的中心位置，并为产品图像制作镜面投影效果，表现出画面的空间感，最终效果如图 2-42 所示。

图 2-42

57

第 3 章

网站中的图形与
文字排版设计

在网页设计中，文字编排设计是大众信息传播中最为基本的艺术形式和表现手段，而图形则是最具有活力的元素之一，它能够让网站页面变得更加富有创意和吸引力。所以文字和图形在网页中的组织、安排及其艺术处理是至关重要的。优秀的文字编排和图形设计可以给浏览者美的视觉享受。

3.1　网站页面中的文字

网页中应该采用易于用户阅读的字体，在网页的正文内容部分还需要注意字体的大小以及行距等属性的设置，避免文字过小或过密造成阅读障碍。网页中文字的处理直接影响到用户的浏览体验，为网页中的文字设置合适的属性，可以使浏览者能够方便、顺利、愉快地接受信息要传达的主题内容。

3.1.1　关于字体

字体分为衬线字体（serif）和非衬线字体（sans serif）（见图 3-1）。简单地说，衬线字体（serif）就是带有衬线的字体，笔画粗细不同并带有额外的装饰，开始和结尾有明显的笔触。常用的英文衬线字体有 Times New Roman 和 Georgia，中文字体则是 Windows 操作系统中最常见的宋体。

非衬线字体与衬线字体相反，无衬线装饰，笔画粗细无明显差异。常用的英文非衬线字体有 Arial、Helvetica、Verdanad，中文字体则有 Windows 操作系统中的"微软雅黑"。

serif　　sans serif

衬线字体　　　　　　　　　　　非衬线字体

图 3-1

专家提示

有笔触装饰的衬线字体，可以提高文字的辨识度和阅读效率，更适合作为阅读的字体，多用于报纸、书籍等印刷品的正文。非衬线字体的视觉效果饱满、醒目，常用于标题或者较短的段落。

3.1.2　网页中常用的中文字体

在不同平台的界面设计中规范的字体会有不同，网页正文内容部分使用的中文字体一般都是宋体 12px 或 14px，大号字体使用微软雅黑或黑体，大号字体是 18px、20px、26px、30px，一般使用偶数字号，奇数字号的字体在显示时会有毛边。

（1）微软雅黑 / 方正正中黑——字体表现：平稳。

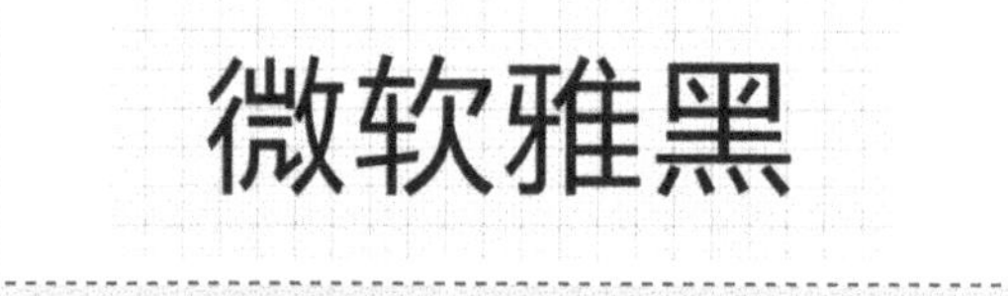

微软雅黑	方正正中黑
"微软雅黑"字体在网页中的使用非常常见，这款字体无论是放大还是缩小，形体都非常的规整舒服。在网页中建议多使用"微软雅黑"字体，大标题可以使用加粗字体，正文可以使用常规字体。	"方正正中黑"系列字体笔画比较锐利而浑厚，一般常用于标题文字中。但这种字体不适合应用于正文，因为边缘相对比较复杂，正文文字内容较多，字体较小，会影响用户阅读。

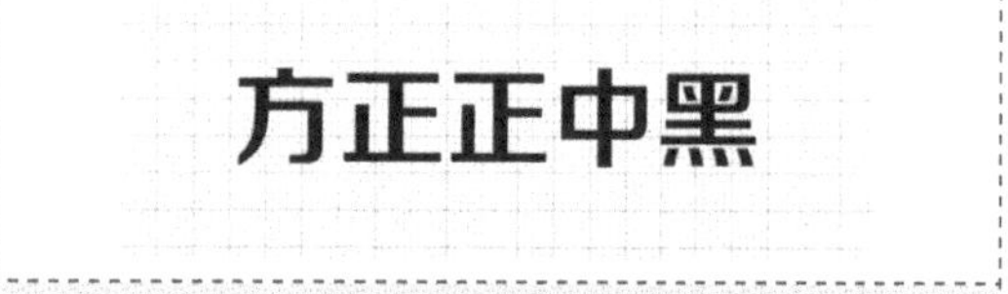

（2）方正兰亭系列——字体表现：与时俱进。

（3）汉仪菱心简／造字工房力黑／造字工房劲黑——字体表现：刚劲有力。

方正兰亭粗黑 方正兰亭中黑 方正兰亭黑体 方正兰亭纤黑 方正兰亭超细	汉仪菱心简 造字工房力黑 造字工房劲黑
"方正兰亭"系列字体包括大辅料、准黑、纤黑、超细黑等。该系列字体笔画清晰简洁，足以满足排版设计的需要。组合该系列的不同字体，不仅能保证字体的统一性，还能很好地区分出文本的层次。	这几种字体有共同的特点，字体非常有力而厚实，适合网页中的广告和专题使用。在使用这类字体时，可以使用字体倾斜样式，让文字显得更有活力。在这3种字体中，"汉仪菱心简"和"造字工房力黑"在笔画、拐角的地方采用了圆和圆角，而且笔画比较疏松，表现出时尚的气氛。而"造字工房劲黑"字体相对更为厚重和方正，这类字体在大图中使用偏多，效果也比较突出。

专家提示

注意，以上介绍的网页中常用的中文字体，仅有宋体、黑体、微软雅黑这3种是Windows操作系统默认的中文字体，也是网页标题和正文内容常用的字体。其他几款中文字体则可以应用在网页广告中，不适合应用于文章标题和正文内容。

网站页面中字体的选择是一种感性的、直观的行为。网页设计师可以通过字体来表达设计要表达的情感。但是，需要注意的是，选择什么样的字体要以整个网站页面和浏览者的感受为基准。另外，还需考虑大多数浏览者的计算机里有可能只有默认的字体，因此，正文内容最好采用基本字体。

该公益活动宣传网站页面运用了简洁的设计风格，在页面左侧使用大号的非衬线字体表现页面主题，用较小号的非衬线字体表现介绍内容，非衬线字体的表现简洁、自然，并且通过不同的字体大小和颜色形成对比，突出表现重点信息。

3.1.3 字体大小

在互联网上我们会注意这样的一个现象，国外网站大部分以非衬线体为主，而中文网站基本就是宋体。其实不难理解，衬线字体笔画有粗细之分，在字号很小的情况下，细笔画就被弱化，受限于计算机屏幕的分辨率，10~12px的衬线字体在显示器上是相当难辨认的，同字号的非衬线体笔画简洁而饱满，更适于作为网页字体。

如今随着显示器越来越大，分辨率越来越高，经常会觉得网页中 12px 大小的文字看起来有点吃力，设计师也会不自觉地开始大量使用 14px 大小的字体，而且越来越多的网站开始在正文中使用 15px、16px 甚至 18px 以上的字号。

下面分别对比中英文的衬线字体与非衬线字体在不同字号时的显示效果。

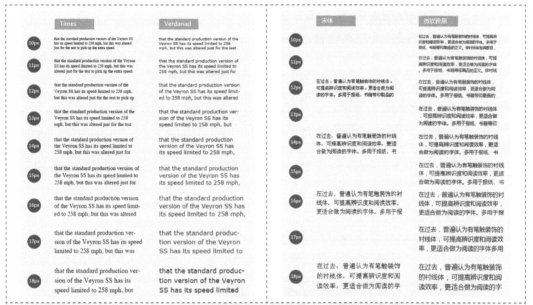

大号字体的使用，对英文字体来讲，衬线体的高辨识度和流畅阅读的优势就体现出来了。对于中文字体来说，宋体在大于 14px 的字号状态下显示效果会不够协调，这时候可以使用非衬线字体"微软雅黑"来表现大于 14px 的字体，使文字获得更好的视觉效果。

虽然网页上的字号不像字体那样受到多种客观因素制约，但并不意味着设计师可以自由选择字号了，出于视觉效果和网站用户体验考虑，仍然有一些基本的设计原则或规范是需要注意的。

专家提示

在网站中，文字的大小是用户体验的重要部分。随着网页设计潮流的不断变化，文字大小的设计也在不断改变。如果网站上的文字无法阅读或者用户根本没有兴趣，这个设计就是失败的。而文字并不是仅仅放在网页上就可以了，还需要合理布局和搭配样式才能起作用。

我们通过观察和经验总结了网页中字号应用的几条规范，可以使网页设计更加专业。

（1）字号尽量选择 12px、14px、16px 等偶数字号，文字最小不能小于 12px。

（2）顶部导航文字为 12px 或 14px；主导航菜单文字为 14~18px；工具栏文字为 12px 或 14px；一级菜单使用 14px，二级菜单使用 12px，或一级菜单使用 12px 加粗，二级菜单使用 12px；版底文字为 12px 或 14px。

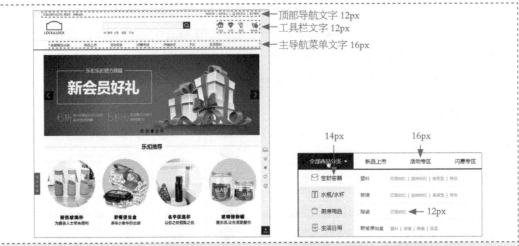

这是"乐扣乐扣"官方商城的首页，页面中字体大小的设置完全符合规范的要求。顶部导航文字为 12px，主导航菜单文字为 16px，主导航菜单的二级和三级菜单文字大小也按照 16px、14px 和 12px 依次排列，这里的文字设计还使用了不同的颜色让层次区分更加明显。通过文字字号传达出清晰的网站结构，这种视觉差异让用户可以非常快速地找到想要的商品，而不用花费太多时间用于研究导航上，有效提升网站用户体验。

（3）正文字体大小。大标题文字为 24～32px；标题文字为 16px 或 18px；正文内容文字为 12px 或 14px，可以根据实际情况对字体加粗。

这是某网站页面中正文内容字体大小的设置，特别注意版块栏目中字号的搭配，版块标题文字为 18px，内容标题文字为 16px 加粗，正文内容文字为 14px，文字内容不仅层次分明，还有效突出重点，看上去非常舒服。

（4）按钮文字。例如登录、注册页面按钮或者网页中的其他按钮中文字通常为 14～16px，可以根据实际情况调整字体大小或加粗。

这是常见的网页商品列表效果，按钮中的文字为 16px，比商品名称文字小，比商品介绍文字大。因为该文字是以按钮的形式表现的，所以其在页面的效果比其他文字内容都要突出。

（5）同一层级的字号搭配应该保持一致。例如，同一层级的版块中，标题文字和内容文字大小要一致。

此外，随着网页设计开始流行大号文字设计风格，一些品牌网站、科技网站、活动网站，以及一些网站产品展示栏目的文字字号给人非常棒的视觉体验。

在苹果官方网站中，产品展示文字以 64px 和 32px 搭配，文字内容简短有力，可读性强，同时非常具有视觉冲击力，突出显示了 "苹果" 的品牌特征。

（6）在广告语及特殊情况中，需要根据实际的设计效果来选择字号。

网页中广告图片中的文字可以使用任意的特殊字体，重点是能够突出表现广告或图片的主题，吸引浏览者关注。

该网站是一个有关 UI 设计知识的网站，网站首页宣传广告中的文字使用了大号的特殊字体进行设计，在用户打开网页的第一时间抓住用户的眼球，快速传递相应的信息。页面中除图片以外的其他正文内容的字体则采用了 Windows 操作系统默认的 "微软雅黑" 字体，清晰、易读。

上面分享的规范只是我们根据长期项目总结的实战经验，在实际网页设计中，还需要根据网站特征和具体情况灵活设计。

专家提示

关于网页中文字的 "行宽" "间距" 和 "背景" 这 3 个重要属性，将在 3.1.4 节网页文字的排版中详细地介绍。

3.1.4　网页文字使用技巧

网站页面中，文字设计能够起到美化网站页面、有效传达主题信息、丰富页面内容等重要作用。如何更好地设计网站中的文字，以达到更好的整体诉求效果，给浏览者新颖的视觉体验呢？

1．字不过三

在前面介绍网页配色时就说过网站中尽量不使用超过 3 种的色彩进行搭配，其实在同一个网站页面中，字体的使用也不要超过 3 种。通常情况下，在网站页面中使用 1~2 种字体就可以了，然后通过字体大小或颜色来强调重点内容。在网站页面中使用的字体过多，会显得这个网站非常不专业。

在左侧的两个 APP 界面中，都只是使用了 1~2 种字体，通过不同的字体大小来区分界面中内容的层级关系。其中左侧的"蚂蚁花呗"界面中只使用了 1 种字体，通过不同的字体大小和粗细来区分主标题和副标题。

网页界面也是一样，在网页界面中只使用 1~2 种字体，通过字体大小的对比同样可以表现出精美的构图和页面效果。在左侧的网站页面中，只使用了两种字体，内容标题使用大号的非衬线字体"微软雅黑"，正文内容则使用了衬线字体"宋体"。

2. 文字与背景的层次要分明

　　因为在视觉传达中，向大众有效地传达作者的意图和各种信息，是文字的主要功能，所以网页中的文字内容一定要非常清晰、易读，这也是大多数网站的正文部分采用纯白色背景搭配黑色或深灰色正文内容的原因。网页内容的易读性和易用性是用户浏览体验的根本需求。如果文字的背景为其他背景颜色或者图片，则一定要考虑使用与背景形成强烈对比的色彩来处理文字，使文字与背景的层次分明，这样才能使页面中的文字内容清晰、易读。

白色背景搭配黑色文字

蓝色背景搭配白色文字

该网站页面使用不同的背景色块来划分页面中不同的内容区域，使页面中各部分内容区域非常明显，根据各部分背景色块的不同，该部分的文字采用了不同的颜色，文字与背景的强对比配色使页面内容更加清晰、易读，也使得各内容区域之间存在差异，更易识别。

3．字体要与整体氛围相匹配

在网页中需要根据页面的整体氛围来选择合适的字体进行表现，这里主要是指网页中的广告图片，而不是正文内容字体。

这是一个儿童空调产品的宣传网站设计，该网站页面中的文字内容相对较少，采用了深受儿童喜爱的卡通漫画风格来表现产品，页面中的广告宣传文字则采用了圆润、可爱风格的字体，使文字与页面的整体风格相符，表现效果更加突出。

3.2　网页文字的排版

网站上每一个元素都能影响浏览，排版设计的好坏能考验设计师的基本功底。网页中文字的排版处理需要考虑文字的辨识度和易读性。好的网页文字排版一直有比较好的阅读性，文字内容在视觉上是平衡和连贯的，并且有整体的空间感。

3.2.1　文字排版的易读性规则

易读性规则主要介绍文字排版中行距和字间距的设置，以及如何为文字设置合适的行宽和行高，帮助浏览者保持阅读节奏，让浏览者拥有更好的阅读和浏览体验。

1．行宽

我们可以想象一下：如果一行文字过长，视线移动距离大，就很难让人注意到段落起点和终点，阅读比较困难；如果一行文字过短，眼睛要不停来回扫视，破坏阅读节奏。

因此可以让内容区的每一行承载合适的字数来提高易读性。传统图书排版每行最佳字符数是 55~75，实际在网页中，每行字符数为 75~85 比较合适，如果是 14px 大小的中文字体，建议每行的字符数为 35~45。

该网站页面中的文字排版效果就具有很好的辨识度和易读性，字号的大小、行距、字间距的设置都能够给人带来舒适并且连贯的阅读体验。因为该网站页面使用了满屏的背景图像，为了使文字内容在页面中具有清晰的视觉效果，为文字内容添加了黑色半透明的矩形色块背景，这样使得页面更具有层次感，并且文字内容成组，也更具有可读性。

2．间距

行距是影响易读性非常重要的因素，一般情况下，接近字体尺寸的行距会比较适合正文。过宽的行距会让文字失去延续性，影响阅读；而行距过窄，则容易出现跳行，如图 3-2 所示。

图 3-2

在网页设计中，一般根据字体大小选择 1~1.5 倍作为行间距，1.5~2 倍作为段间距。例如，12px 大小的字体，行间距通常设置为 12~18px，段落间距通常设置为 18~24px。

另外，行间距 / 段落间距 =0.754，也就是说，行间距正好是段落间距的 75%，这种情况在网页文字排版中非常常见。

在该宣传网站的产品介绍页面中，可以看到正文内容主要是由主标题、英文标题和正文内容构成，分别使用不同的字体大小来区分主标题、英文标题和正文内容，并且各部分都设置了相应的行间距，使文字内容清晰、易读。

技巧点拨

在实际的设计过程中，还需要灵活应用规范。例如，如果文字本身的字号比较大，那么行间距就不需要严格按照 1~1.5 倍的比例进行设置，不过行间距和段落间距的比例还是要尽可能符合 75%，这样的视觉效果能够让浏览者在阅读内容时保持节奏感。

专家提示

行距不仅对可读性具有一定的影响，其本身也具有很强的表现力，刻意加宽或缩窄行距，可以加强版式的装饰效果，体现独特的审美情趣。

3. 行对齐

文字排版中很重要的一个规范就是把应该对齐的地方对齐，如每个段落行的位置对齐。通常情况下，建议在网站页面中只使用一种文本对齐方式，尽量避免使用文本两端对齐。

在该网站页面中，通过留白可以清晰地分辨每一组信息内容。每一组内容都包括图片、标题和正文，图片与文字介绍采用了垂直居中的对齐方式，标题文字与正文则采用左对齐的方式，使页面中的内容排版非常清晰、直观，给人简洁、整齐的视觉感觉。

专家提示

网站页面无论要表现哪种视觉效果，精美的、正式的、有趣的、个性的、严肃的，一般都需要应用明确的对齐方式来实现。

4．文字留白

在对网页中的文字内容排版时，需要在文字版面中的合适位置留白，留白面积从小到大应该遵循的顺序如下。

此外，在内容排版区域之前，需要根据页面实际情况给页面四周留白。

在网页中适当留白能够有效突出页面主体内容的表现。在该网站页面中，页面整体采用简洁的浅灰色背景，页面四周的留白处理能有效突出页面中间主体内容。在主体内容部分，不同介绍内容文本之间也应用了适当的留白处理，使文本内容层次清晰，便于用户的阅读。

3.2.2　文字排版设计常用手法

在设计领域广泛应用的 4 项基本原则：对比、重复、对齐、亲密性，也非常适用于网页设计中对文字内容的排版设计。

1．对比

在文字排版设计中可以将对比分为 3 类：标题与正文字体、字号对比，文字颜色对比，以及文字与背景的对比。

（1）标题与正文字体、字号对比

在网页文本排版中，需要使文章的标题与正文内容形成鲜明的对比，从而给浏览者清晰的指引。通常情况下，标题的字号都会比正文的字号稍大一些，并且标题会采用粗体的方式呈现，这样可以使网页中文章的层次更加清晰。

在该网站的内容页面中，读者能够清晰地分辨内容的标题与正文，标题使用 18px 的粗体微软雅黑字体，正文部分使用 12px 的宋体，标题与正文内容的对比清晰，使文字内容富有层次，很容易吸引浏览者的眼球，并且浏览者也可以快速选择自己感兴趣的内容开始阅读。

（2）文字颜色对比

文字颜色对比就是将网站正文中的一部分文字使用与主要文字不同的颜色进行突出表现，这样能够有效增加视觉效果，突出展示正文内容中的重点。

在该网站页面中，段落文本中的重点内容使用红橙色进行突出表现，与正文中的其他文字内容形成鲜明的对比。右下方的"相关阅读"同样使用了与正文不同的文字颜色，并且使用小号斜体字，从而有效区分各部分不同的文字内容，给浏览者清晰的视觉指引。

（3）文字与背景对比

文字与背景对比是文字排版中常用的一种方式，正文内容与背景合适的对比可以提高文字的清晰度，产生强烈的视觉效果。

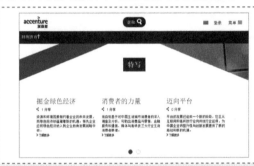

在该网页页面中既有白色的页面背景，也有红色的页面背景，在白色页面背景部分搭配红色的标题和黑色的正文，使背景与文字形成对比；在红色背景部分搭配白色的文字内容，同样形成背景与文字的鲜明对比。通过文字与背景的对比将文字内容清晰地衬托出来，既有丰富的层次感，又具有很强的视觉冲击力。

设计师在使用文字与背景对比的原则时必须确保网页中的文字内容清晰、易读，如果文字的字体过小或过于纤细，色彩对比度也不够的话，就会给用户带来非常糟糕的视觉浏览体验，如图 3-3 所示。

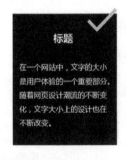

图 3-3

专家提示

如果在设计过程中对色彩的对比把握不够准确的话，可以借助颜色对比检测工具（如 Check My Colours、Colour Contrast Check）检测色彩的有效性和亮度差，从而确保网页内容的易读性。

2．重复

设计中的元素可以在整个网页设计中重复出现，对于文字来说，可能字体、字号、样式的重复，也可能是同一种类型的图案装饰、文字与图片整体布局方式等。重复给用户有组织、一致性的体验，可以创造连贯性，显得更专业。

在该网站页面中的"产品准则"部分采用了统一的"图片＋标题＋正文"形式。虽然内容不同，但布局方式统一，图片风格一致。用户一眼看过去，就能清楚地理解这是属于同一个版块的内容，这样的重复很容易给浏览者连贯、平衡的美感。

技巧点拨

　　重复原则在网页设计中应用比较广泛，单一的重复可能会显得单调，设计师在网页设计过程中可以根据不同的网站需求灵活应用，比如有变化的重复能够增加页面的创新度，为网页增添活力。

3．对齐

　　在网页设计中，元素在页面中不能随意摆放，每一个元素都应该与页面内容存在某种联系。网页中元素的对齐是必不可少的，对齐处理可以帮助设计师设计出吸引人的设计，是优秀网页设计的潜在要求。

在该网站页面中，可以看到页面左侧的文字内容采用了左对齐的方式，页面右侧的导航菜单选项采用了右对齐的方式，左对齐和右对齐是网页中比较常见的文字排版对齐方式，特别是左对齐的方式，可以使文本内容看起来更加清晰，效果分明。

在该珠宝网站页面中，将文本介绍内容分块排版，并且采用了居中对齐的方式，给人优雅高贵的感受，每一块中的文字内容都遵循了标题与正文的对比、文字与背景的对比原则，使文字内容的表现效果清晰、易读。居中对齐的文字排版效果可以表现出庄重、典雅、正式的感觉。

4．亲密性

　　亲密性是指将网页中相关的内容组织在一起，让它们从页面整体视觉效果上更加和谐、统一。在网页中，元素位置接近就意味着存在关联。

　　要在网页中体现出元素的亲密性可以从两个方面入手：适当留白和以视觉重点突出层次感。

在该果汁品牌介绍网站页面中，有多个元素在一起的组合排版。浏览者首先被广告图片和广告图片中的文字吸引，然后视线向下移动到文字描述内容和蓝色的链接文字，这些元素的亲密性与对比达到平衡，视觉层次清晰，给人舒适感。

3.2.3 实战分析：设计手机宣传网站页面

本案例设计了一款手机宣传网站页面，在页面中充分运用不规则纯色图形，着力营造出时尚感，扁平化的图形相搭配，给人简约感和时尚感，如图 3-4 所示。

图 3-4

● 色彩分析

本案例设计的手机宣传网站页面使用明度和纯度较高的蓝色作为页面的主体颜色，蓝天白云的背景给人无限的遐想空间，营造出自然、清新的感觉。在页面中搭配明度和纯度相同的蓝色和绿色几何图形，使得页面非常清爽、自然，而不规则几何图形的应用又使页面充满时尚感与现代感，如图 3-5 所示。

（主色调）　　　（辅助色）　　　（点缀色）　　　（文字颜色）

图 3-5

● 布局分析

该手机产品的宣传网站由于信息量较少，重点在于手机产品的展示和宣传，所以采用了满版式的布局，这种布局方式将页面信息在一屏中展示，有效突出重点信息内容的表现，使浏览者一眼就能够理解页面的主题。页面中采用不规则的几何形状色块来突出信息内容的表现，有效地丰富了页面的表现形式和效果，使页面的表现更加富有活力。在文字内容部分则采用了左对齐的方式，使得文字内容整齐、易读，如图 3-6 所示。

图 3-6

● 设计步骤解析

01. 在 Photoshop 中新建文档，将页面尺寸设置为 1 400px×750 px，页面比较宽，主要是为了在使用大分辨率的屏幕浏览时也能够使页面的背景完整，页面的高度则大概设置为显示器一屏的高度，如图 3-7 所示。

02. 首先制作整个页面的背景，为页面背景填充高明度的浅蓝色，添加各种白云素材并分别进行处理，制作出蓝天白云的页面背景效果，给人清爽、自然的感受，如图 3-8 所示。

图 3-7

图 3-8

03. 在页面左上角位置放置网站 Logo，在页面顶部水平居中的位置以水平方式放置导航菜单，使用不规则的几何形状图形突出导航菜单的表现，如图 3-9 所示。

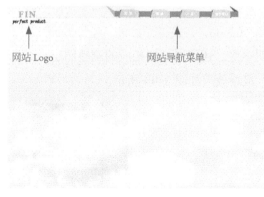

图 3-9

04. 在页面的中心位置，绘制多个相同饱和度和明度的绿色与蓝色的几何形状图形，相互叠加，用于突出表现产品信息内容，如图 3-10 所示。

图 3-10

05. 拖入抠取好的透底产品素材图像，将其倾斜放置与几何形状图形相互叠加，如图 3-11 所示。在几何形状图形上方添加相应的介绍文字内容，通过不同的字体大小、字体粗细来区分主标题、副标题和正文介绍内容，使介绍内容富有层次感，如图 3-12 所示。

图 3-11   图 3-12

06. 在页面版底部分添加相应的版底信息内容，为了使页面的表现效果更加丰富，可以在页面中添加一些装饰性素材，使页面的表现更加生动，如图 3-13 所示。

图 3-13

07. 如果希望页面的整体色调更加鲜明一些，还可以添加相应的调整图层，对页面整体进行适当调整，但切忌过度调整，最终效果如图 3-14 所示。

图 3-14

3.3　图形在网站设计中的作用

图形与文字不同，它是一种视觉语言，可以理解为是关于"图"的设计，因为图形的视觉冲击力要比文字大得多，所以它将设计的思想赋予在形态上，通过图形来传达信息。图形可以集中展现网站页面的整体结构和风格，可以将信息传达得更为直接、立体，并且容易让人理解。

> **专家提示**
>
> 　　网页中的图形包括主体图、辅助图、导航图标、广告图像等，主体图用来直接传达网页中的主体内容，包括产品照片、新闻照片等；辅助图用来增强网页版面的艺术性，它的主要作用不是传达信息，而是渲染网页视觉的氛围，如背景图等。

1．传达性

在网站设计中，传达信息是最主要的目的，图形和文字一样，在网页中起着传达信息的作用。但是图形在形态上的设计与表现效果必须与网页传播的主体内容相一致，虽然图形在传达信息上受到面积大小和用色多少等因素的制约，但是图形本身具有的诸多优势，如直观性、丰富性等，可以让其与文字、视频等传播方式一起，构成网站页面独特的信息传达系统。

在该食用油产品的宣传网站设计中，使用大幅的产品广告图片作为该网站页面的整体背景，给用户非常直观的印象，也能够有效传达产品形象，吸引浏览者的注意，其他的文字内容都作为辅助信息，便于浏览者进一步了解该产品。

2．艺术性

图形是以形态作为传达的依靠，是提升网页信息传达效率的重要因素，因此图形的形态结构会直接影响信息传达的效果。具有较高视觉美感的图形更容易引发浏览者心理上的共鸣，轻松地使浏览者接受传达的信息，而根据不同的审美观，人们对于图形形态的选择也不相同，这就需要展现图形的艺术性了。图形的艺术性是由色彩、图像等通过点、线、面的排列组合，同时运用象征、比喻、夸张等手法来展现的，这种展现手法可以满足大部分人的审美需求。

在该数码相机产品的宣传网站设计中，采用黑白的复古风格设计页面，在页面中通过线条与各种不规则的几何形状图形，使页面的表现更加时尚且富有动感效果，在产品的局部点缀少量的彩色，突出表现产品的绚丽与视觉美感。

3．表现性

在提倡设计个性化、多元化的今天，图形在网站页面中的展现方式也就是表现性也应该具有独特的方式，设计者要勇于创新，敢于冲破通俗的图形表现方式，这样才能提高网站页面的视觉冲击力，充分优化网页的整体设计构图，从而达到与众不同的效果，给浏览者过目不忘的视觉体验。

在该网站页面的设计中，打破了页面中传统的图形表现方式，而是根据网站页面的表现形式和主题，采用了三角形的表现形式，这种与众不同的页面图形表现方式，更能够给浏览者留下深刻的印象。

4．趣味性

图形的趣味性主要是用来充实网站页面的内容和版式。如果网页中的叙述性文字较多，内容比较充实，但是太过于单调和死板，没有吸引力，则可以用趣味性较强的图形来加以改善，从而达到调和的效果；如果网页本身的内容并不丰富，那么也可以用这样的图形来充实网页的表现内容，使网页焕发活力，也让网页传达的信息通过这种趣味性传播出去。

使用不同的颜色来区分产品不同的运用场景，但都采用了图形加图标的表现形式，形式统一且有所区别，使页面表现和谐。

这是某品牌洗衣机产品的宣传网站设计，其打破了以往使用产品广告图片展示为主的表现方式，而且采用了更为轻松、活跃的表现风格，通过图形与图标相结合的方式展示该产品的主要功能特点，这种富有趣味性的新颖表现方式，使浏览者理解起来更加轻松。

5．超越性

图形与语言、文字不一样，它是靠视觉感受来传达信息的，是一种视觉语言。它用自己独特的方式传达信息、沟通情感，没有语言或文字的地域、文化、种族的障碍和隔阂，超越地域和时空而存在，图形的语言全球通用，类似于"艺术无国界"的感悟一样。

如今，随着科技的飞速发展，越来越多的网站页面以图形为主，文字为辅，或者将文字作为图形的一部分来体现，这就是通常所说的"图形化界面"，这种网页展现出了非常独特的艺术风格，非常适合一些非门户网站和非政府部门的网站，同时也渐渐成为了网页发展的趋势之一。

在整个页面中，除了必要的导航、Logo 的元素之外，以精心设计的产品宣传广告为表现重点。

随着读图时代的来临，很多产品宣传展示类的网站页面大多都是以图形的创意设计处理为主，搭配少量的文字内容，使浏览者更轻松地理解网站的主题。例如，该汽车宣传网站就是通过对产品广告图片的处理，使其表现出很强的立体感与动感效果，从而使浏览者进入网站第一眼就被产品吸引。

3.4　网站图形设计类型

图形的设计类型是指设计师设计图形时首先要确定设计出来的图形属于哪种类型，确定好最合适的设计类型以后，再根据该类型的特征和性质进一步塑造或者改进。图形的设计类型有很多种，包括图形符号、页面分割、立体图形等，类型不同，设计出来的效果也会截然不同。

3.4.1　插图

插图是指图形以造型或图画的方式展现在网站页面设计中，在网站设计中主要用来完善视觉传达功能。一般来说，基于图画或造型表现的漫画、线图、讽刺画等手动绘制的都属于插图的范畴。从广义上来看，照片也可以理解为插图的范畴，但照片和插图二者有着截然不同的外观风格，因此，人们将照片与插图划分为两种视觉效果类型。

就算是手动绘制的图画，根据设计师的设计创意和不同程度的表现能力，表现手法不同，展现出来的风格也就不尽相同。

在该饮料的活动宣传网站设计中，充分运用了插图的表现手法，艳丽的色彩搭配生动活泼的插图设计，给人带来轻松、活泼、欢乐的氛围。

在该食品宣传网站设计中，将手绘风格的插图与真实的照片完美结合，页面的表现风格独特，并且给人很强的艺术感。

3.4.2　图形符号

图形符号是一种不受国家地域、种族文化和语言差别等人为或自然条件限制的单一视觉语言，也是人与人之间沟通最为便捷、准确的交流手段，具有形态简单却丰富多彩的特点。图形符号虽然简单，但是并不是每个人都能很容易地看懂其中的含义，大多数人只能够从表面上认识图形的形态效果。

玫红色斑驳的底纹背景、虚线描边的圆形和黑色的图形符号搭配，色彩简洁明了，突显了图形符号的清晰轮廓，让观者一目了然。

图形符号在网页设计的导航上运用广泛，网页中的图形符号，不但要负责传达信息，还要具备精致的外形和典雅的色彩，从而提升网页视觉风格的整体效果，为网页增添色彩。

3.4.3　照片

网站设计中的照片绝大多数都经过了后期的设计、加工，因为照片的优劣是设计好坏的一大决定性因素。运用照片进行设计是如实传达设计师想法的效率最高的表现手法，基于照片的这种功能，大多数客户都非常看重照片的内容和氛围，他们也经常根据自己的想法指出一些细节部分，要想找到合适的照片很难，设计师可以根据自己的需要拍摄符合要求的照片，但是要想拍摄的照片中的光线、背景与作品的光线、背景能够相互融合却非常困难，所以，就算是设计师自己拍摄的照片，也要经过后期的调整、编辑、修剪、合成等操作。

一般商业用途的网站或者是消费者信赖度比较高的网站，通常在网页中使用照片时都会选择清晰度高的照片，因为，从视觉角度来看，高清晰度的照片更为明快、整洁，给观者的印象较好，容易让人信赖和亲近。

运用由远到近的视觉变化将照片做成具有交互性的动态页面效果，给浏览者非常具有震撼力的空间感，这是商业型或者时尚运动型网站常用的照片表现手法。

专家提示

现在，有的设计师比较倾向于照片的"原始形态"，一般不会对照片进行修饰或编辑处理，让其保持自然的形态就好。

3.4.4　页面分割

页面分割是将整个网站页面进行水平或者垂直方向的分割，并为其运用强烈的色彩展现网页视觉平面感的一种方法。完全采用线和面构成的水平或者垂直分割的网站页面看起来会比较单调，但能够很好地展现网页视觉的层次感，同时体现了几何学中的秩序美和比例美。

在网页视觉设计中运用页面分割的方法展现页面内容，进行分割的地方可以填充色彩，也可以添加文字信息或者照片素材，是一种极具深度感并且能够传达绚丽感的网页视觉设计手法。但由于页面分割主要是用于表现颜色的绚丽多彩，首先映入眼帘的是极具外观风格的视觉特效，所以，页面分割技术也属于视觉效果的范围。

| 在该网站页面的设计中，可以看到其每一块的色调与整体的色调都非常协调，页面分割的比例也很均衡，总体上给人紧凑而不拥挤、凌乱而又有规律的感觉。 | 这是一种很简洁的网页，整个页面以倾斜的线条分割，以灰白色为主色调，再用一些艺术感很强的手绘图作为装饰，给人简单、通透的立体感。 |

技巧点拨

　　页面分割特别注重分割的每一块中填充的颜色或者照片与网页整体的视觉风格是否统一，还有分割的比例是否均衡。

3.4.5　立体图形

立体图形是指运用 3D 图形程序将图形图像素材表现为立体风格的效果。3D 图形领域的目标是展现虚拟和现实，也就是说，让浏览者在体验虚拟世界的事物时，有近乎现实的感受。

在因特网发展的初期，在网络中展现虚拟和现实的 VRML（Virtual Reality Model-ing Language）概念便开始成为全球关注的焦点，但是在当时受到了网页加载速度和显示速度的限制，因此没能够广泛运用到网络技术和网页设计中。而如今，随着 Web 3D 技术的不断发展和个人计算机配置的不断提高，文件的容量也渐渐缩小，3D 图形在网页界面中的运用也如雨后春笋般出现。现在的渲染功能能够从上下、左右、前后等各个方位查看制作的立体图形，同时也在慢慢实现交互式体现的技术，该项新技术可以完全克服 VRML 的局限性。

专家提示

　　对于想要将虚拟和现实真实地输出到 Web 上的目标，网页设计者考虑的因素与 Web 3D 公司考虑的有所不同，网页设计者关注的不是什么新技术，而是思维创新能力和独特的构思，Web 3D 公司则主要致力于先进技术的研发，它的目的在于怎样将产品真实地展现在用户面前，给人身临其境的真实感，而网页设计者则致力于设计创新的作品。

这是一个将 3D 展示技术与交互操作结合得非常出色的汽车展示网站，该网站的设计非常简洁，只有品牌 Logo 和产品形象展示，汽车产品在页面中能够 360° 旋转展示，给浏览者带来身临其境的直观感受。并且旋转到车身相应的位置时会显示闪烁的白点，提示用户单击查看详情。这种采用交互操作方式的商品宣传展示，可以有效增强用户与产品之间的互动，给用户带来愉悦感。

3.5　网站图片的排列布局形式

在网站中使用漂亮的图片能够有效提升网站页面的视觉美感，但是仅有漂亮的图片是不够的，重要的是如何在网站页面中对图片进行合理的布局设计，为呈现页面内容提供基础。网页中图片的展示形式丰富多样，不同形式的图片展示效果也让浏览网页的乐趣更加多样化。

3.5.1　传统矩阵展示

限制网页中图片的最大宽度或高度并平铺展现矩阵，这是展现多张图片的常见形式。不同的边距与距离会产生不同的风格，用户一扫而过的快速浏览可以在短时间获得更多的信息。同时，鼠标悬浮时显示更多的图片信息或功能按钮，既避免过多的重复性元素干扰用户浏览，也使交互形式带有乐趣。

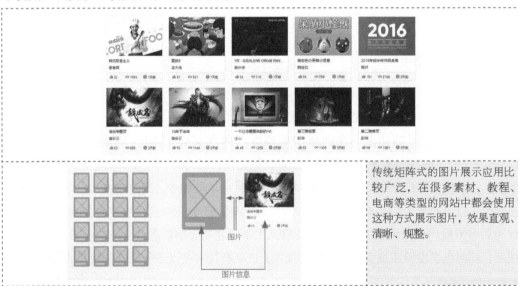

传统矩阵式的图片展示应用比较广泛，在很多素材、教程、电商等类型的网站中都会使用这种方式展示图片，效果直观、清晰、规整。

专家提示

这种传统的矩阵平铺展示图片的方式虽然使页面表现整齐、统一，但是显得略微有些拘谨，用户的浏览体验会有一些枯燥。

3.5.2　大小不一的矩阵展示

在传统矩阵式平铺布局基础上挣脱图片尺寸一致性的束缚，图片以基础面积单元的 1 倍、2 倍、4 倍尺寸展现。大小不一致的图片展现打破重复带来的密集感，却仍按照基础面积单元进行排列布局，为流动的信息增加动感。

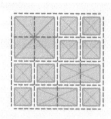

大小不一的矩阵图片展示方式不太常见，这种方式通常应用于摄影、图片素材类网站中，结合相关的交互效果能够给用户带来不一样的体验。这种大小不一的图片对于视觉流程会造成一定的干扰，页面中的图片较多时，需要谨慎使用。

专家提示

这种不规则的图片展示方式给浏览带来乐趣，但由于视线的不规则流动，所以这样的展现形式并不利于查找信息。

3.5.3　瀑布流展示

瀑布流展示方式是最近几年流行起来的图片展示方式，定宽而不定高的设计让页面突破传统的矩阵式图片展现布局，巧妙利用视觉层级，视线的任意流动又缓解了视觉疲劳。用户可以在众多图片中快速扫视，然后选择自己感兴趣的部分。

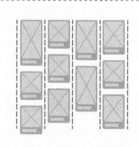

瀑布流的图片展示方式很好地满足了不同尺寸图片的表现，但这样也让用户在浏览时，容易错过部分内容。

3.5.4　下一张图片预览

在一些图片类的网站页面中，当以大图的方式预览某张图片时，需要在页面中提供预览下一张图片的功能，这样能够有效提升用户的体验。

在最大化网页中某张图片的同时，让用户看到相册中的其他内容，下一张图片的部分预览，更能吸引用户继续点击浏览。下一张缩略显示、模糊显示或部分显示，不同的预览呈现方式都在挑战用户的好奇心。

最大化显示当前图片的同时，以较小的半透明方式显示下一张图片的部分，从而吸引用户继续浏览下一张。

提供下一张图片预览，吸引用户点击

3.5.5 实战分析：设计产品促销活动页面

本实例设计的产品促销活动页面中，颜色使用较多，而且色彩明暗度变化较频繁，页面整体给人丰富感，由于大面积颜色占主体，颜色明暗度变化较集中，整体又给人统一、直观的印象。内容页中的产品列表区域，产品背景一律使用了白色，在突出产品的同时，整体又给人简练、直观的印象，如图 3-15 所示。

图 3-15

- 色彩分析

该产品促销活动页面主题背景使用了高饱和度的红色，给人温暖、欢乐的印象，又透露出活动的喜庆和兴奋感。内容部分则分别使用蓝色和黄绿色作为不同类型产品的背景，给人活力、透明、清凉的感受，整体传达出清净、明快的印象，并且有效区分了不同的产品类型，使页面层次的划分非常清晰，如图 3-16 所示。

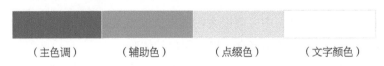

| （主色调） | （辅助色） | （点缀色） | （文字颜色） |

图 3-16

● **布局分析**

该产品促销活动页面的内容采用水平居中对齐的方式，页面整体运用水平分割的方式分割不同的内容区域，并且分别使用不同的背景颜色来划分不同的内容区域，使页面的内容区域划分非常清晰。页面顶部为促销活动主题，通过主题文字的变形处理来有效突出促销主题的表现，页面内容区域则使用常规的矩阵排列方式排列产品图片，产品内容部分整齐有序，便于浏览者浏览，如图 3-17 所示。

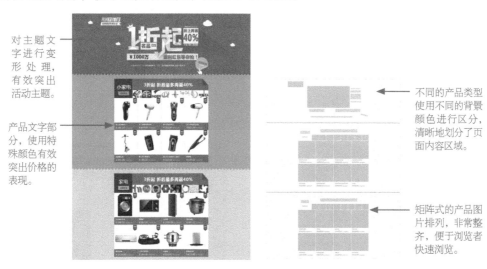

对主题文字进行变形处理，有效突出活动主题。

产品文字部分，使用特殊颜色有效突出价格的表现。

不同的产品类型使用不同的背景颜色进行区分，清晰地划分了页面内容区域。

矩阵式的产品图片排列，非常整齐，便于浏览者快速浏览。

图 3-17

● **设计步骤解析**

01. 在 Photoshop 中新建文档，将页面尺寸设置为 1 920px×2 500px，页面比较宽，但其内容部分的宽度是固定的，并且页面内容是水平居中显示的，如图 3-18 所示。

02. 通过绘制背景颜色来划分页面中各部分内容区域，注意在页面背景分割的部分绘制了三角形，使背景的分割部分表现更加活跃，如图 3-19 所示。

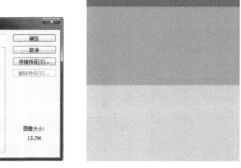

图 3-18　　　　　　　　　　　　　　图 3-19

03. 输入主题文字，根据主题文字的笔画绘制基本的形状图形，通过形状图形的拼接制作出变形主题文字效果，如图 3-20 所示。添加其他与主题相关的说明文字内容，不同的字体颜色、字体大小、字体粗细，使主题文字部分错落有致，如图 3-21 所示。

图 3-20

图 3-21

04. 为主题文字部分绘制一些卡通云朵图形进行点缀，使主题部分的表现更美观，如图 3-22 所示。接着制作网站内容部分，确认内容部分的范围，通过绘制基本图形并添加文字完成栏目标题的制作，如图 3-23 所示。

图 3-22   图 3-23

05. 计算好一个产品占用的区域，绘制基本图形、输入文字并拖入产品图像，即可完成第一个产品展示的制作，如图 3-24 所示。为了保持每一个产品展示区域的大小一致，可以通过复制第一个产品展示相关图层并进行修改的方法，制作该部分产品展示效果，如图 3-25 所示。

图 3-24

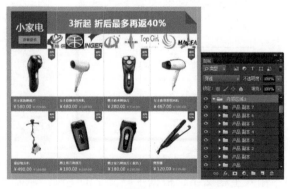
图 3-25

06. 根据参考线的位置，绘制分隔线，使产品之间的区分更加明显，方便浏览者辨识，

如图 3-26 所示。根据前面的制作方法，可以通过矩阵列表的方式制作出其他部分
的商品列表，最终效果如图 3-27 所示。

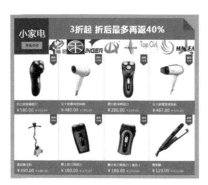

图 3-26

图 3-27

第 4 章

网站页面布局与视觉风格

网站页面布局结构的设计和视觉风格的构思在整个页面中占的比重较大，根据网站的不同性质规划不同的布局结构，其不但能够改变整个网站的视觉效果，还能够加深浏览者对该网站的第一印象，使得网站的宣传力度在无形之中便增强了很多。网页界面的视觉风格一样，也在页面中占有举足轻重的位置。

4.1　了解网站页面布局

网页布局结构的标准是信息架构，信息架构是指依据最普遍、最常见的原则和标准对网站界面中的内容进行分类整理、确立标记体系和导航系统、实现网站内容的结构化，从而使浏览者方便、迅速找到需要的信息。因此，信息架构是确立网页布局结构最重要的参考标准。

4.1.1　网站页面布局的目的

在网页布局结构中，信息架构好比是超市里各种商品的摆放方式，在超市里我们经常看到按照不同的种类、价位摆放琳琅满目的商品，这种常见的商品摆放方式有助于消费者方便、快捷地选购自己想要的商品，另外这种整齐一致的商品摆放方式还能给消费者带来强烈的视觉冲击，激发消费者的购买欲望。

相同的道理，信息架构的原则标准和目的大致可以分为两类：一种是对信息进行分类，使其系统化、结构化，以便于浏览者方便、快捷地了解各种信息，类似于按照种类和价位来区分商品一样；另一种是重要的信息优先提供，也就是说，按照不同的时期着重提供可以吸引浏览者注意的信息，从而引起符合网站目的的浏览者的关注。

通过运用色彩在页面中突出品牌 Logo 和搜索功能

统一的信息内容表现形式

该产品宣传网站的页面结构层次非常清晰，页面中的主体内容部分采用了一致的表现形式，并没有刻意突出某一部分信息内容，便于用户快速浏览和了解。

图标与文字相结合，突出该部分信息内容的表现，方便用户快速了解页面中各部分内容，并做出相应的选择。

该网站页面中的信息内容较多，页面较长，在页面设计中使用不同的背景色块来划分不同的内容区域，使页面内容的层次结构非常清晰。在页面顶部的广告宣传图片下方，使用统一风格的图标结合简短的文字介绍页面中的各部分内容，突出该部分内容的表现，使用户可以通过该部分内容了解页面各部分的信息，从而做出选择，快速跳转到页面中相应的内容区域浏览，非常方便快捷。

网页布局最重要的基础原则是重点突出、主次分明、图文并茂。网页的布局必须与企业的营销目标相结合，将目标客户最感兴趣的，最具有销售力的信息放置在最重要的位置。

4.1.2 网站页面布局的操作顺序

网页布局必须能够规整、准确地传达网页信息，而且要按照信息的重要程度尽量向浏览者提供最有效的信息，网页布局的具体内容和操作流程可以分为以下几点。

- ◆ 整理消费者和浏览者的观点、意见。
- ◆ 着手分析浏览者的综合特性，划分浏览者类别并确定目标消费人群。
- ◆ 确立网站创建的目的、规划未来的发展方向。
- ◆ 整理网站的内容并使其系统化，定义网站的内容结构，其中包括层次结构、超链接结构和数据库结构。
- ◆ 搜集内容并分类整理，检验网页之间的连接性，也就是导航系统的功能性。
- ◆ 确定适合内容类型的有效标记体系。
- ◆ 在不同的页面放置不同的页面元素、构建不同的内容。

综上所述，信息架构是以消费者和浏览者的要求或意见为基准，搜集、整理并加工内容的阶段，其强调能够简单、明了并且有效地向浏览者传递内容、信息的所有方法。因此，在布局信息构架时，最重要的观点是浏览者和消费者的观点，也就是要求设计者站在消费者和浏览者的立场上去思考网页在被浏览和使用过程中可能会遇到的可用性问题。

| 该网站整体的视觉效果简单、清爽，其运用了非常简单的布局方式来展示该产品及其相关信息，使该网站在浏览时不会显得繁杂、拥挤。 | 该美食网站运用具有弧度的图形构成页面，比较具有新意，也能人舒适、温馨的感觉，页面左上角的 Logo 与产品图形的处理也非常具有新意。 |

网站页面的使用性是以规划好的用户界面为主，且用户界面和策划是在网页布局结构的基础上进行的，网页布局结构的确立则以信息架构为标准。

4.2 网页布局的基本方法

网页布局是指将页面中的各个构成元素，如文字、图形图像、表格菜单等在网页浏览器中进行规则、有效地排版，并从整体上调整好页面中各个部分的分布与排列。在设计网页视觉时，需要充分、有效地合理布局有限的空间，从而制作出更好的页面。

4.2.1　网页布局的设计

网站页面的布局并不是说将页面中的元素在网页中随便排列，网页布局的设计是网站页面美观、实用的最重要的方法。网站页面中的文字或者图形图像等网页构成要素的排列是否协调决定了网站页面给浏览者的视觉感受和页面的可用性，因此，如何才能让网站页面看起来美观、大方、实用是网页设计者在设计页面布局时首先需要考虑的问题。

网站页面的布局方式决定了该网站页面给浏览者的视觉感受和可用性，因此，在设计网页布局时应多参考优秀的网页布局方式，在仔细观察那些布局方式的同时，征求别人的建议，将丰富多彩的页面内容在有限的空间里以最好的方式展示出来。

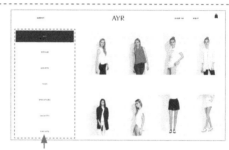

产品分类通过大尺寸的浅灰色矩形背景来统一表现效果，为当前选择的选项应用深灰色背景突出表现，给用户非常清晰的视觉效果。

该女装品牌的宣传网站采用了极其简洁的设计风格，页面的布局也非常简洁。使用白色和浅灰色作为页面背景颜色，使页面给人纯净、高雅的感觉。页面中几乎没有任何装饰元素，有效突出了产品和相关选项的表现，页面内容非常清晰。产品列表页面中的产品分类选项使用了尺寸较大的浅灰色矩形背景，并且为当前选择的分类选项应用深灰色矩形背景来突现表现，给用户非常清晰的视觉流程。

该网站页面通过色彩的划分可以明显看出其整体布局方式，左侧主要放置网站的 Logo 和导航菜单，右侧部分则是页面的具体内容信息，页面布局清晰、合理。内容部分采用了菱形色块与图片相互拼接的方式呈现，给人很强的现代感和个性感。这种左窄右宽的布局形式通常都是将网站导航菜单放置在左侧，使用户对网站的操作更有可控性。

4.2.2　网页布局的构成原则

网页布局的原则包括协调、一致、流动、均衡、强调等。

原则	说明
协调	将网站中的每一个构成要素有效地结合或者联系起来,给浏览者美观、实用的网页界面
一致	网站整个页面的构成部分要保持统一的风格,使其在视觉上整齐、一致
流动	网页布局的设计能够让浏览者凭着自己的感觉走,并且页面的功能能够根据浏览者的兴趣链接到其感兴趣的内容上
均衡	将页面中的每个要素有序地排列,并且保持页面的稳定性,适当加强页面的可用性
强调	把页面中想要突出展示的内容在不影响整体设计的情况下,用色彩间的搭配或者留白的方式将其最大限度地展现出来

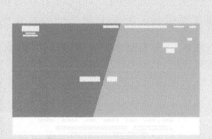

该楼盘宣传网站页面应用精美的楼盘宣传效果图作为页面的整体背景,通过倾斜拼接的方式展现了不同性质的两种类型,并添加相应的文字标识,便于用户选择了解相应的内容,页面布局新颖独特。

另外,在设计网页布局时,需要考虑网站页面的醒目性、创造性、造型性、可读性和明快性等因素。

因素	说明
醒目性	将浏览者的注意力吸引到该网站页面上,并引导其查看该页面中的某部分内容
创造性	让网站页面更加富有创造力和个性特征
造型性	使网页在整体外观上保持平衡和稳定
可读性	网站中的信息内容词语简洁、易懂
明快性	网页界面能够准确、快捷地传达页面中的信息内容

大幅的宣传广告图片是目前品牌与产品宣传网站常用的表现方式,通过精美的宣传图片能够有效地展现品牌形象并吸引浏览者的注意,浏览者也可以通过导航来访问需要的内容。

4.2.3 实战分析:设计手机宣传网站页面

本实例设计一款手机宣传网站页面,使用满屏式的网页布局方式来表现网站页面,在网站页面中融入许多平面广告的设计元素,突出表现手机的视觉效果,如图4-1所示。

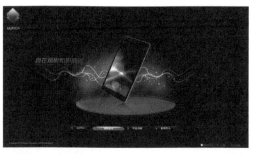

图 4-1

● 色彩分析

　　该手机宣传网站页面使用紫色到深红色的渐变颜色作为网站页面的背景颜色，给人稳重、优雅的感觉，搭配明亮和纯度较高的洋红色和黄色来表现手机产品，突出产品的表现力，整体色调和谐、统一，给人优雅、华丽的视觉印象，如图 4-2 所示。

（主色调）　　　　（辅助色）　　　　（点缀色）　　　　（文字颜色）

图 4-2

● 布局分析

　　满屏式网页布局方式的重点在于营造良好的视效果，在本案例的手机宣传网站页面中，文字内容非常少，重点是突出产品的表现，在设计中通过绘制多种光晕图形以及发散的光点和线条来表现手机产品的视觉效果，搭配简洁直观的宣传广告语，使网站页面看起来更像是平面广告，给人较强的视觉效果，并且能够清晰地传达信息，如图 4-3 所示。

图 4-3

● 设计步骤解析

01. 在 Photoshop 中新建文档，将页面尺寸设置为 1 280px × 750 px，大小大概为显示屏幕的尺寸大小，但因为每个浏览器的分辨率不同，所以在设计时需要注意对网页背景的处理，如图 4-4 所示。

02. 为画布填充深紫色到接近黑色的径向渐变，页面背景的明度较低，给人尊贵、典雅的印象，如图 4-5 所示。

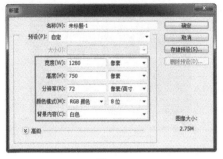

图 4-4　　　　　　　　　　　　　　图 4-5

03. 使用"椭圆工具"和"画笔工具"等绘制辅助产品表现的图形效果，如图 4-6 所示。拖入手机产品素材图像，放置在页面中心位置，并添加"外发光"图层样式，突出产品的表现效果，如图 4-7 所示。

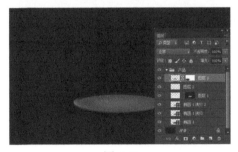

图 4-6　　　　　　　　　　　　　　图 4-7

04. 通过各种图形来丰富并突出产品的表现效果。首先制作该手机产品的镜面投影效果，从而增强其空间立体感，如图 4-8 所示。通过路径描边绘制相应的曲线，使用"画笔工具"绘制相应的光晕效果，提高产品部分的明度，与背景形成对比，有效突出产品部分的表现效果，如图 4-9 所示。

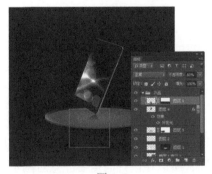
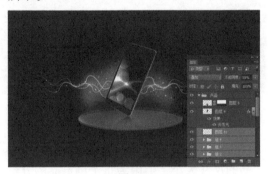

图 4-8　　　　　　　　　　　　　　图 4-9

05. 在页面中为手机产品添加相应的宣传广告语，为文字应用渐变颜色，使其表现效果更富有时尚感，如图 4-10 所示。在页面底部居中的位置放置水平的导航菜单，如图 4-11 所示。

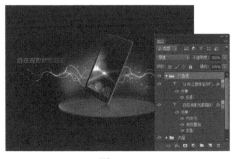

图 4-10

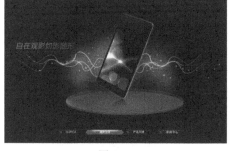

图 4-11

06. 在页面左上角放置网站 Logo，在页面底部添加版底信息文字内容，最终效果如图
4-12 所示。

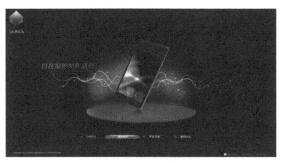

图 4-12

4.3　根据整体内容位置决定的网页视觉布局

在设计网页布局时，根据页面的排列方式和布局的不同，每个位置的重要程度也不
同，首先最重要的就是考虑好页面中内容的排列顺序，因此，如果使用左侧排列方式，
则将网页的标志放置在左侧上方；如果选择水平居中的排列方式，则将网站的标志放置
在页面中间的上方位置。

另外，有些网站在设计布局时会根据网站的目的和性质考虑网站的普遍性，因为，
一般用户都会根据自己的喜好浏览网站页面，但是，如果想要自己的网站更有创意、更
与众不同，一般不用从头到尾一直兼顾网站的普遍性，只要让浏览者感觉实用性强并且
美观大方即可。

4.3.1　满屏式页面布局

采用满屏式布局的页面结构简单、视觉流程清晰，便于用户快速定位，但由于页面
排版方式的限制，只适用于信息量小，目的比较集中或者相对比较独立的网站，因此常
用于小型网站首页、活动页面以及注册表单页面等场合。

采用满屏式布局的首页，其信息展示集中，重点突出，通常会通过大幅精美的图片
或者交互式的动画效果来实现强烈的视觉冲击效果，从而给用户留下深刻的印象，提升
品牌效果，吸引用户进一步浏览。但是，这类首页的信息展现量相对有限，因此需要在

首页中添加导航或者重要的入口链接等元素，起到入口和信息分流的作用。

该数码相机产品的宣传网站设计构思独特，以产品图片作为整个页面的背景，运用满屏式布局，并且将页面等分为 4 个部分，当鼠标指针移向某个部分时，会以交互动画的方式展示该产品的相关信息内容，表现效果突出，并且能给浏览者带来较好的交互体验。

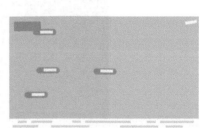

该房地产项目宣传网站同样采用了满屏式布局，使用温馨且充满阳光的室内图片作为该网站页面的整体背景，使浏览者进入网站就能被整体氛围感染，在页面中各相应的位置不规则地放置相应的导航链接，通过交互动画的形式，使浏览者有身临其境参观样板间的感受。

一栏式布局还经常使用在目的性单一，如前面讲解的搜索引擎网站页面，或者较为独立的二级页面和更深层次的页面中，如用户登录和注册页面。

这是一个电商网站的注册页面，采用一栏式布局。在用户登录或注册页面中，由于用户的目光只聚集在表单填写上，因此除表单以外，只需要提供返回首页及少数重要入口即可，不需要过多不必要的信息和功能，否则反而会引起用户的不适。

4.3.2 两栏式页面布局

两栏式页面布局是最常见的布局方式之一，这种布局方式兼具满屏式和后面要讲解的三栏式布局的优点。相对于满屏式布局，两栏式可以容纳更多的内容，而相对于三栏式布局，两栏式的信息不至于过度拥挤和凌乱，但是两栏式不具备满屏式布局的视觉冲击力和三栏式布局的超大信息量的优点。

两栏式布局根据其占面积比例的不同，可以细分为左窄右宽、左宽右窄、左右均等3 种类型。虽然从表面上看只是比例和位置不同，但实际上它影响的是用户浏览的视线流以及页面的整体重点。

1．左窄右宽

左窄右宽的布局通常采用左边是导航（以树状导航或一系列文字链接的形式出现），右侧是网页内容的设置。此时左侧不适宜放置次要信息或者广告，否则会过度干扰用户浏览主要内容。用户的浏览习惯通常是从左至右、从上至下，因此采用这类布局的页面更符合理性的操作流程，能够引导用户通过导航查找内容，使操作更加具有可控性，适用于内容丰富、导航分类清晰的网站。

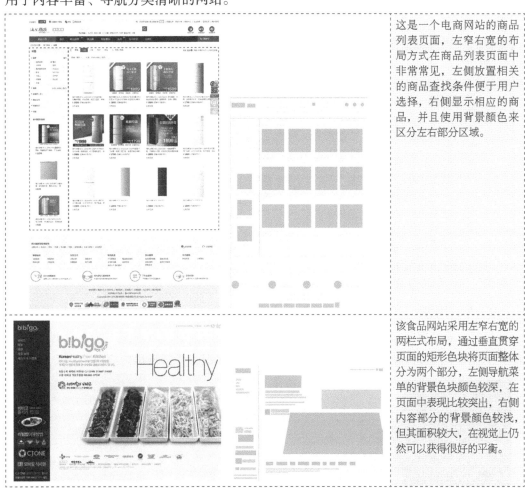

这是一个电商网站的商品列表页面，左窄右宽的布局方式在商品列表页面中非常常见，左侧放置相关的商品查找条件便于用户选择，右侧显示相应的商品，并且使用背景颜色来区分左右部分区域。

该食品网站采用左窄右宽的两栏式布局，通过垂直贯穿页面的矩形色块将页面整体分为两个部分，左侧导航菜单的背景色块颜色较深，在页面中表现比较突出，右侧内容部分的背景颜色较浅，但其面积较大，在视觉上仍然可以获得很好的平衡。

2．左宽右窄

和左窄右宽方式相对应的，左宽右窄型的页面通常内容在左，导航在右。这种结构明显突出了内容的主导地位，引导用户将视觉焦点放在内容上。在用户阅读内容的同时或者之后，才引导其关注更多的相关信息。

左侧以大面积精美的图文介绍内容吸引浏览者的目光，并且图片多、文字少，减少浏览者的阅读负担。右侧以背景色块来突出导航菜单的表现，方便浏览者继续浏览网站中其他栏目的内容。

许多博客类网站页面采用左宽右窄的布局方式，突出显示当前最新发表的内容。例如，该美食类博客网站左侧以精美的图文内容展示最新的美食相关资讯内容，吸引浏览者关注，右侧放置该博客网站的导航菜单，视觉流程非常清晰合理。

搜索引擎的搜索结果页面同样采用了左宽右窄的布局方式，重点突出搜索的结果信息，在右侧也可以放置次要的信息或者广告，从而在页面中体现出信息的主次。

3．左右均等

左右均等是指左右两侧的比例相差较小，甚至完全一致。运用这种布局类型的网站较少，适用于两边信息的重要程度相对比较均等的情况，不体现出内容的主次。

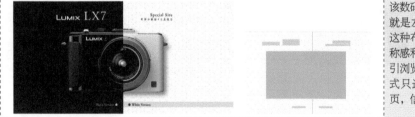

该数码相机宣传网站采用的就是左右均等的布局方式，这种布局方式给人强烈的对称感和对比感，能够有效吸引浏览者的关注，但这种方式只适合信息量较少的网页，信息内容一目了然。

对比这 3 种方式，可以看到每种方式的内容重点和视线流的方向都是不同的，如图4-13 所示。

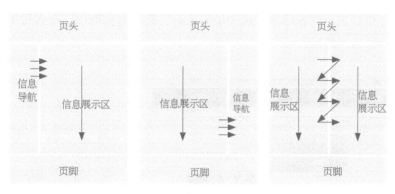

图 4-13

左窄右宽型的导航位置相对突出，引导用户从左至右地浏览网站，即从导航寻找信息内容；而左宽右窄型的左侧往往放置信息内容，让用户聚焦在当前内容上，浏览完之后才会通过导航引导用户浏览更多相关内容；对于左右均等型，如果两侧均放置内容，那么用户的视线流主要从上至下，两侧间存在一定的交叉性，如果左侧或者右侧放置了导航，那么左右侧的视线会出现很多的交叉性，从一定程度上增加了用户的视觉负担。

4.3.3　三栏式页面布局

三栏式布局对内容的排版更加紧凑，可以更加充分地运用网站的空间，尽量多地显示信息内容，增加信息的密集性，常见于信息量非常丰富的网站，如门户网站或电商网站的首页。

但是内容量过多会造成页面信息拥挤，用户很难找到需要的信息，增加了用户查找所需内容的时间，降低了用户对网站内容的可控性。

由于屏幕的限制，三栏式布局都相对类似，区别主要是比例上的差异，常见的包括中间宽、两边窄和两栏宽、一栏窄等。第一种方式将主要内容放置在中间栏，左右两栏放置导航链接或者次要内容；第二种方式在两栏放置重要内容，另一栏放置次要内容。

这是某电商网站的首屏设计，采用中间宽、两边窄的方式，在中间位置放置推广的促销活动图以及商品广告图片，左右两侧分别放置商品分类信息以及推荐的商品信息。

很多门户网站和电商网站都采用中间宽、两边窄的方式，常见比例约为 1：2：1。中间栏由于在视觉比例上相对显眼（相应地，字体也往往比左右两栏稍大），因此用户默认将中间栏的信息处理成重点信息，两边的信息自动处理为次要信息和广告等，因此这类布局往往引导用户将视线流聚焦于中间部分，部分流向两边，重点较为突出，但容易降低页面的整体利用率。

这是某新闻门户网站的首页，采用两栏宽、一栏窄的布局方式，右侧两个较宽的栏用于表现最新的新闻信息，左侧较窄的栏则放置一些广告和便民链接等信息。这类新闻门户网站为了满足不同类型人群的需求，信息量很大。

技巧点拨

两栏宽、一栏窄布局方式也较为常见，最常见的比例为 2:2:1。较宽的两栏常用来展现重点信息内容，较窄的一栏常用来展现辅助信息。因此相对于前一种布局方式，它能够展现更多重点内容，提高了页面的利用率，但相对而言，重点不如第一种方式突出和集中。

4.3.4 水平和垂直居中的页面布局

水平和垂直居中的页面布局是指将页面的横向和纵向设计成 100% 的布局框架，使页面中的内容无论在什么大小的分辨率下，都在浏览器的正中间显示。

对于页面中的宣传广告，目前常见的处理方式就是将其宽度处理为 100%，这样能够有效突出宣传广告的表现效果，并且无论在哪种分辨率下显示，都能够获得较好的视觉效果。

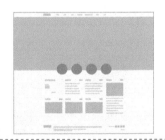

页面内容水平居中布局，是网站布局常见的形式。在该网站页面的布局设计中，页面内容整体上采用了水平居中的布局形式，这样无论浏览者的显示器分辨率是多少，页面内容都显示在页面中间的位置，保持了页面的统一性。

垂直和水平方向均居中的布局方式只适用于网站欢迎页面或者是页面内容较少，能够在一屏中完整显示的页面。例如，该个人网站页面采用了垂直和水平均居中的布局方式，能够有效地将浏览者的视线集中在页面的中间位置，并且可以通过交互的方式来交换页面中显示的内容，信息内容一目了然。

考虑到计算机显示器的分辨率不同，我们在设计时一般以 1 024px × 768 px 的分辨率为标准。在 1 280px × 800px 的分辨率下，页面的周围肯定要比分辨率为 1 024px × 768px 要多出很多空白区域。以 1 024px × 768px 为标准，在设计时如果想要使页面变得最大并且不会出现滚动条的话，横向需设置在 1 007px 之内，纵向则需要设置在 566px 之内，但是这不是固定不变的，考虑到页面的使用空间，也可以适当选择使用其他的数值。

4.4　页面分割方向的布局方式

在设计网页布局时，首先需要通过页面中所有的内容、页面的分割方向和布局方式将网页的基本格式确定下来，再在其基础上设计或者制作。根据页面的分割方向，可以将页面的布局分为纵向分割、横向分割、纵向与横向复合型 3 种。

4.4.1　纵向分割

在页面中设计纵向分割时，最常见的是将导航和菜单设置在左侧位置，将正文内容和一些公告信息设置在页面的右侧位置，并在两侧的边缘区域留一些空白。

该网站通过纵向分割的方式将页面中的不同内容区域分割为 3 个部分，并且巧妙地使用橙色、黑色和白色 3 种高对比度的色彩作为这 3 个区域的背景颜色，使页面中不同功能与内容区域的划分非常清晰，并且网页中的文字和图片大部分也运用这 3 种颜色，整个页面看起来连贯性很好。

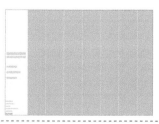

该网站使用了纵向分割的布局方式，以创新的方式将整个页面由多个纵向分割的部分组成，使浏览者在浏览该页面时抱着好奇的心态，吸引浏览者的好奇心。在页面中还为各纵向分割部分添加了交互效果，从而使网站页面表现出个性十足的风格。

使用这种布局方式的优势在于，其主要应用在信息量大、类别多的网页中，即使浏览器的大小发生变化，也只会影响到右侧部分的内容，左侧的菜单和导航不会发生任何变化，用户使用很方便，因此大部分浏览者非常钟爱这种页面布局方式。

4.4.2　横向分割

在对页面设计横向分割时，将菜单和导航设置在页面的上方位置，将主体内容设置在页面下方位置的情况比较多。这种分割方式适用于结构简单，但从视觉角度上对图片的要求却很高的网站。

根据不同网站注重的内容不同，选择横向分割方式还是纵向分割方式也有一定的考究。如果注重网页中的导航或者菜单，则选择纵向分割方式较为合适；如果注重网页整体的设计感，由于横向分割方式的页面视觉效果非常好，所以应选择该种分割方式。

 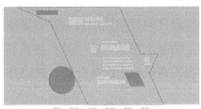

该网站页面采用了横向分割的布局方式，上半部分采用满屏的背景图像与不规则的倾斜色块来突出表现页面的主体内容，页面底部则使用了浅灰色背景来表现网站的导航菜单，色块与背景图片的划分非常明确，有效区分了不同的内容区域。

该洋酒品牌的宣传网站的重点是突出表现该洋酒品牌的形式，在该网站页面中采用了横向分割的方式将网站页面划分为上、中、下3个部分，顶部为品牌的Logo和导航菜单，底部为版底信息和快捷导航，中间部分为页面的表现重点，通过大面积的宣传广告来加深该品牌在浏览者心中的印象。

专家提示

根据网站的类型和页面中内容多少的不同，选择适当的页面分割布局方式可以使网页界面给人与众不同的视觉感受。实际上，大部分网站都是采用纵向分割与横向分割相结合的布局方式，但是，主要的分割方式还是偏向于纵向分割和横向分割两者中的一个。

4.4.3　纵向与横向复合型

大部分网站都采用纵向分割与横向分割相结合的复合型布局方式，但一般都是以纵向分割为基础，在此基础上添加横向分割方式。

在纵向与横向复合型的网站页面中,一般将网站的导航菜单等元素设置在页面的上方位置,版权声明放置在页面的下方位置,将页面的子菜单设置在纵向分割布局的左侧位置,将主题内容放置在页面右侧。

该网站页面整体采用了居中的布局方式,在顶部横向的位置放置网站 Logo 和导航菜单,这也是网站中最重要的两个元素,通过背景色块将页面的正文部分在背景图像上突出显示,并且正文内容通过纵向分割的方式分为 3 个区域,分别放置不同的内容,页面的布局结构清晰,内容划分明确。

该网站页面同样采用了横向与纵向复合型的页面布局方式,首先在横向上将页面从上至下分别放置导航菜单、宣传广告和正文字内容,又从纵向上将正文内容部分划分为 3 个栏目,这也是网站常用的布局方式。

技巧点拨

纵向分割和横向分割大多适用于页面内容较少的网站,但有些信息量较多的网站也使用这两种布局方式;纵向分割与横向分割相结合的布局方式则适用于页面信息量较多的网站,这可以有效分布、排列页面中的内容。

4.4.4 运用固定区域的设计

在网站页面中,运用固定区域的设计是指在页面某个特定大小的区域内展现所有的内容,从而让浏览者一眼便可以看出该网页的布局结构和主题内容。

事实上很难定义运用固定区域的设计到底属于网页布局结构中的哪种类型,在网页中,运用固定区域的设计最具代表性的特点就是能够将浏览者的视线集中到该区域中,然后向浏览者展现网站的所有相关信息,从而有效传达信息。

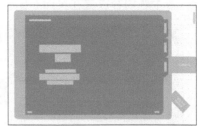

该化妆品宣传网站页面整体设计为一本打开的日记本形式，表现风格独特，其页面内容也就被固定在打开的日记本中，形成固定区域的布局形式。固定区域的布局形式适合表现内容较少的页面，例如，该网站通过广告图片结合少量的宣传广告语的方式，让浏览者一眼就抓住主题。

专家提示

固定区域的布局结构也有不足的一面，由于固定区域的尺寸和界限非常明确，所以当浏览者的显示器分辨率足够大时，页面有可能会出现大量的留白，固定区域的特殊形态就会给人孤立疏远的感觉。

4.4.5 实战分析：设计类网站页面

设计类网站页面如何能够突出表现设计水平和创意非常关键，对页面中的设计作品分类时，需要做到既简单、美观，又让人一目了然，如图 4-14 所示。

图 4-14

● **色彩分析**

在该设计类网站页面中，导航栏背景使用了鲜艳的红色，给人醒目、大胆的感受，让人留下兴奋和新鲜的印象。灰色作为过渡色能够很好地协调页面的各种色彩，页面显得统一、完整，减少不必要的色彩冲突和视觉刺激，具有很好的过渡性。白色文字在多彩的页面中有很好的突出作用，吸引受众的注意，如图 4-15 所示。

（主色调）　　　（辅助色）　　　（点缀色）　　　（文字颜色）

图 4-15

● **布局分析**

该设计类网站页面采用了典型的纵向分割两栏布局形式，左侧栏为垂直的导航菜单，虽然左侧栏较窄，但是其通过高饱和度的背景颜色能够在页面有效地凸显出来。右侧正文内容部分采用了图片平铺的形式来展示作品分类，使用了狭长的具有代表性的图片来呈现作品，通过设置图片选中状态时的明暗度，形象地区分内容，如图 4-16 所示。

通过高饱和度背景色来突出表现页面导航菜单。

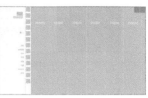

使作品图片纵向排列来表现作品分类，并在右上角设置了滚动按钮，便于用户进行交互操作。

在导航菜单与正文内容之间设计了类似设计软件工具箱的一系列图标，突显该网站作为设计网站的特点。

图 4-16

● **设计步骤解析**

01. 在 Photoshop 中新建文档，将页面尺寸设置为 1 600px × 900px，保持页面大概为满屏的大小，如图 4-17 所示。通过绘制背景色块将按钮页面纵向分为 3 个区域，如图 4-18 所示。

图 4-17　　　　　　　　　　　　　　　　　　图 4-18

专家提示

　　对于满屏式的页面，在设计时可以按大概的页面尺寸大小进行设计，因为每个浏览者使用的显示器分辨率不同，所以并没有固定的尺寸大小。但是在将设计稿制作成 HTML 页面时，需要使用宽度和高度均为 100% 的方式来制作，这样才能使制作的 HTML 页面在不同的分辨率中都显示为满屏的效果。

02. 在左侧的导航栏区域从下至下分别放置网站 Logo、搜索栏和导航菜单选项，并且采用了右对齐的方式，使该部分的表现更加清晰、简洁，细节部分可以稍做修饰，如图 4-19 所示。

03. 在装饰栏中主要是通过各种矢量绘图工具以及形状图形的加减操作绘制出各种图标，体现出设计感，如图 4-20 所示。

为各导航菜单项添加阴影分隔和小三角形指示。

为装饰栏背景添加斜线纹理，表现出质感。

图 4-19

图 4-20

04. 正文内容区域同样纵向划分为多个相等的区域，每个区域放置一张该类型设计的图片以及简单的文字说明，如图 4-21 所示。复制制作好的第一个作品分类，并修改相应的图片和文字，即可制作出其他的作品分类，如图 4-22 所示。

未选择的作品分类覆盖半透明的黑色，突出当前选中的分类。

图 4-21

图 4-22

05. 最后在页面右上角位置设计两个向左和向右的按钮图标，用于对内容区域进行滚动操作，最终效果如图 4-23 所示。

图 4-23

4.5　初始页面的网页布局类型

初始页面的网页布局类型在网站页面设计中占据非常重要的位置，其不仅能够向浏览者传达网站页面的类型、功能等信息，还会影响到浏览者对网站的第一印象，所以，网页设计师在设计网站的页面时，必须同时考虑网站的类型、功能和宣传理念，以便规划网站页面的内容和构思整个页面的布局。

　　根据网站的类型和功能，可以将网页布局分为 3 种结构类型，分别是单一结构、普通结构和复合结构。

　　单一结构一般只由主画面和导航栏构成，其主要通过视觉效果来为网站页面提供别具一格的外观风格。

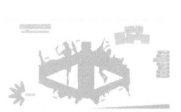

该饮料产品的宣传网站页面采用了单一结构的布局方式，通过精美的图形设计与交互式效果来重点突出产品的表现，页面中并没有过多的文字介绍内容，重点在于通过展示产品宣传广告来突出表现产品，让浏览者处于轻松、愉快的氛围中，并留下深刻的印象。

　　普通结构由主画面、导航栏、快捷菜单、公告等常见的内容构成，这种结构经常用在信息量不多的网站页面上。

通过横向分割的方式将页面分为顶部导航与宣传广告区域、中间主体内容区域、底部快捷菜单和版底信息区域，而主体内容区域中，又按栏目的不同采用了纵向与横向分割相结合的方式排版，页面结构非常清晰。

这是一个常见的企业宣传网站，这种网站通常采用横向与纵向相结合的分割方式，页面中的信息内容并不是特别多，采用这种中规中矩的布局方式，能够清晰表现出页面的布局结构，并为浏览者提供清晰的浏览和阅读顺序。

　　复合型结构则经常用于大型的功能性网站页面上，这类网页一般都含有大量的信息，并且有助于浏览者快速找到自己想要的信息，激发浏览者的兴趣。

长页面的形式通常都会通过不同的背景颜色来划分页面中不同的内容区域，使页面的内容结构更加清晰。或者采用整体的背景图形使页面形成一个整体。

该网站页面的信息量相对来说比较多，其页面采用了当前比较流行的长页面布局形式，通过不同的背景颜色来区分每个栏目的内容，使各栏目的划分非常清晰，在每个栏目中又根据该栏目内容的特点分别采用不同的排版表现形式，使页面整体流畅而局部不同，整个页面和谐统一。

4.6　网页布局的要点

在网站设计领域，不同的网站形态和布局结构代表了不同的网站类型。当我们接到一个网站项目时，第一件事就是确定它的定位，相关领域有没有典型的结构布局，如果有，最好能遵守这种典型布局，否则用户需要花更多的时间了解你的网站是什么，能做什么。

1．选择合适的布局方式

设计布局最重要的是根据信息量和页面类型等选择合适的分栏布局方式，并根据信息间的主次选择合适的比例，给重要信息赋予更多空间，体现出内容间的主次关系，引导用户的视线流。

门户网站首页由于具有海量的信息，目前较多采用三栏式布局，同时需要根据信息的重要程度，选择适合的比例方案。针对某个新闻等具体页面，新闻内容才是用户最为关注的内容，导航等只是辅助信息，因此适合采用一栏式或者新闻内容为主的两栏式布局。

这是某新闻门户网站的首页和内容页面，因为新闻门户网站的首页需要呈现的信息量非常大，所以页面导航下方的内容部分采用了三栏布局的方式，并且重要的新闻内容的栏宽设置得比较大，字体也较大，左侧的辅助信息部分栏宽则较小，字体也较小。进入某一条新闻的内容页面时，可以看到该页面新闻标题下方的内容部分采用了两栏式的布局，左侧较宽的栏为新闻的正文内容，右侧较窄的栏用于呈现广告和相关的推荐内容。

2．通过明显的视觉区分，保持整个页面的通透性

有时候，网站版块之间的设计缺少统一的规范，很容易导致各版块间的比例不一致，从而在视觉上给用户凌乱的感觉，也容易打断用户较为连贯流畅的视觉流。要保持整个页面的通透性，可以增加用户阅读的流畅性和舒适性，统一各版块间的比例，同时通过线条、颜色等视觉元素增加各栏间的区分度，就可以轻松做到。

通过背景色块划分页面中不同的内容区域，使页面层次结构清晰

版块内容采用相同的表现形式，版块与版块之间留有间隔，便于区分

在该网站页面设计中使用不同明度的浅灰色色块来划分页面中不同的内容区域，使页面层次非常清晰。各栏目版块使用了相同的表现形式，版块与版块之间留有一定的间隔，从而保持了整个页面的连贯性与通透感，整个页面内容划分非常清晰、易读。

3．按照用户的浏览习惯及使用顺序安排内容

根据眼动实验结果，用户的注意力往往呈现 F 形，因此在页面布局设计时，应该尽量将重点内容放置在页面的左上角，右侧放置次要内容。

4．统一规范，提升专业度

为网站内不同类型的页面，选择适合的页面布局。同一类型或者同一层级的页面，应该尽量使用相同的布局方式，避免分栏方式的不同或者分栏比例上的差异，从而保持网站的统一性和规范性，使网站更加专业。

通过背景色块划分页面中不同的内容区域，使页面层次结构清晰

将网站的重点版块内容叠加在宣传广告图片的上方显示，突出该部分内容的表现

版块内容的表现形式统一，排列整齐，给人很好的可视性

在该企业网站页面的设计中，同样是通过不同的背景颜色划分页面中不同的内容区域，这样可以使页面的结构清晰。网站中各部分内容的表现都采用了统一的形式，都是采用图片、标题名称和简介内容相结合的形式，给人统一、规范的印象，将页面中的重点内容叠加在宣传广告上方显示，有效突出该部分内容的表现，整个页面给人整齐、规范、专业的感觉。

第 5 章

网站页面视觉
布局形态

网页布局形态由其功能性及形态性两个条件决定，在优秀的网页设计中必须合理考虑好这两个条件的比重与协调性。如果一个网页过多地注重其形态，就会失去其功能性，当然，只注重网页的功能性也是不合理的。

5.1　网页功能与网页形态哪个更重要

　　网页布局形态作为一种视觉语言，在网页设计中具有十分重要的作用。因此，要求设计者灵活处理好网页功能与形态之间的关系。与偏重于网页的可用性、功能性、目的性的设计相比较而言，仅仅重视形态的设计只能称为艺术家的创作作品，然而，只注重网页功能的设计又会缺乏审美性。网页功能与网页形态哪个更重要呢?

　　无论在什么领域，网页设计师都会受到网页功能与网页形态两种表现手法选择的困扰，处理好网页功能与网页形态之间的比重关系是设计优秀网页的关键。因此，网页的功能与形态之间的协调是网页设计师必须解决的重大课题。由于设计是"从目的出发"，通过造型与布局的手法使用户更容易达到所设定的目标，所以网页设计的最终义务是为了满足最终目的，因此，网页的功能与形态的优先顺序是由设计课题所决定的。

　　网页布局形态即容纳网页布局结构的框架形态，也就是说，网页的布局形态取决于网页布局结构。如果说网页布局结构作为一种功能研究，是指为用户提供便利的用户界面、提高逻辑思维表现，那么作为视觉语言的网页布局形态，就是让用户认识网页外观风格时的一种感性表现形式。

搜索引擎网站就是典型的以功能为导向的网站，在功能与布局形态两方面更侧重于网页功能，使用户能够轻松、方便地使用其提供的搜索功能。

对于许多以宣传推广为目的网站而言，网页布局形态比网页功能更重要。设计师需要设计出独特、新颖的表现形式，有效突出网站表现主题，给浏览者留下深刻的印象，从而达到宣传的目的。

　　在网页设计过程中，由于网页设计师比较注重网页布局结构的可用性，所以往往会忽略网页布局形态要素。但是，网页布局形态在构建独创性的网站时，是非常有效的设计要素，它有助于网页设计师拓展设计思路、激发创作灵感，因而，在设计网页时，有必要兼顾网页布局结构与网页布局形态。

　　为了设计出更加优秀的网页作品，在设计网页布局形态过程中，在保证页面功能与目的的前提下，通过多样化和独特的创意来设计网页的布局形态，通过优秀的布局形态设计突出表现网页的功能与目的。

5.2 网页布局形态的含义及情感

在网站页面设计中，形态是最先向用户传递情感的。用户可以通过包含网页设计师的设计理念及意图的形态设计，对整个网页有主观的感受，简而言之，形态就是向用户传达设计师意图和感受的微观元素。

网页布局形态并没有绝对的意义，由于个人所处的环境和情况各不相同，对同一种形态的感受也不同。因此，设计师可以从客观的角度思考形态传达的意义。

5.2.1 点

点是构成视觉空间的基本元素，是表现视觉形象的基本设计语言。点是构成网页的最基本单位，在网站页面中常会看到在每行文字前加上点，点可以起到引导视线、强调次序的作用，合理使用点元素，还可以起到画龙点睛的效果。网页往往需要数量不等、排列顺序不同的点，点的方向、大小、位置、聚集、发散等都会给人带来不同的心理感受（见图 5-1）。合理运用点形态可以表现出不同的视觉效果。

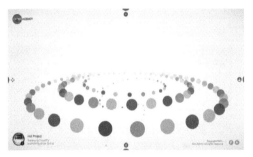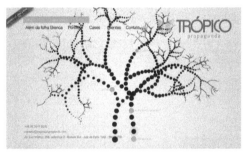

图 5-1

	第一感受	第二感受	联想到的对象
	结束 / 结尾 / 结果 存在 / 有 小 / 细小 / 微小 凝聚 / 凝结 污点 / 瑕疵	无穷尽 明确 / 清楚 节制 / 简洁 / 简单 休息 寂寞 / 寂静 / 空虚	蚂蚁、孔 / 黑洞、斑点 星星、宇宙 / 点的集合 棋子、灰尘

点是线的开始，也是代表结束的几何学符号。根据调查结果显示，人们在看到点的形态后，产生的感受与联想到的对象呈现出既多样又具有很大相似性的特点。"结束 / 结尾 / 结果""存在 / 有"的感受是相似的。"凝聚 / 凝结""无穷尽""宇宙 / 点的集合"的联想对象也是相似的。

从以上的调查结果可以看出，点含蓄地表达了"结束 / 结尾 / 结果""空间感""时间的无穷尽"等含义。相对于人而言，点是十分小的，但是人们对于点的回答却又是多样的，仿佛在由人们对于点的解读所构成的世界里又包含了另一个宇宙空间。

在该网站页面中，点形态的大小、位置、颜色、聚集疏密的不同变化和组合，使页面产生了轻松、活泼、流动、抒情、欢快的气氛。

在该汽车宣传网站中，使用小圆点使导航菜单沿弧线排列，给人优美、自然的感觉，并且为导航菜单加入交互动画效果，整个页面的表现更加动感。

在该游戏网站中，每个栏目标题前的小图标可以看作是点，新闻列表前的项目符号同样可以看作是点，通过点的应用可以很好地引导用户，并且使页面的内容更有条理。

很多信息量较多的网站通常都会在新闻列表或重要的选项前应用点的设计，很好地引导用户阅读和引用用户的注意。

5.2.2　圆

　　圆具有平滑流畅的特点，它能够给人安定、愉悦的感觉。连贯的圆形元素组合，使网站页面具有节奏感，从而营造活跃的气氛。合理运用圆形态，可以提高页面的层次，让焦点更加突出，以快速、有效地传达信息，如图 5-2 所示。

图 5-2

	第一感受	第二感受	联想到的对象
	柔和的感觉 舒适 温和 / 温暖 圆满 / 完成 包容 流动	心情好 团圆 顺利 扩展 / 持续性 安定 / 均衡 可爱	地球、太阳、月亮、 孔、风扇、瞳孔、 西瓜、纽扣、月饼

　　从调查结果中发现，圆的联想感受主要表现为柔和、安定与舒适，在网站页面中运用圆形仿佛是完美的表现。此外，圆形周而复始，像是一个无限延伸的轨道，其本身蕴含了永恒的含义。因而，人们对类似于圆形的地球、太阳、月亮有永恒的感觉。但是，圆形也会给人带来压抑、烦闷、一成不变等消极的心理感受。

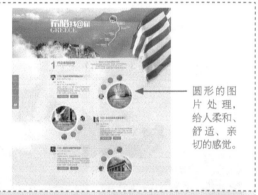

圆形的图片处理，给人柔和、舒适、亲切的感觉。

该网站页面较为简洁、朴素，鲜艳的黄色圆形与文字组合运用，可以突出表达主题，是网站页面中的一大亮点，大小不一、颜色各异的圆形更好地增加了页面的活力。	在该旅游主题宣传网站页面设计中，运用了比较随意的信息表现方式，通过图文混排的方式来表现内容，并且将图片处理为圆形的效果，有效吸引浏览者关注。

5.2.3　三角形

　　在网站页面中，常常会在一些下载按钮的右侧或者导航旁看到三角形图标，这些三角形在网站页面中具有不可替代的作用，其自身也具有一定的方向性，因此，对引导用户了解相关信息具有重要的指引作用，如图 5-3 所示。

图 5-3

	第一感受	第二感受	联想到的对象
	锋利 / 锐利 方向 / 指示 尖锐的对立 / 竞争 危险 / 粗暴 不安 稳定感	精练 现代的 / 都市的 疼痛 / 痛苦 强烈 / 冲击 冰冷 均衡	金字塔、山、箭头、 三棱镜、交通标志板、 三角铁、数学

　　三角形常常给人锋利、尖锐的感觉。在倾斜的斜线与斜线对立形态中，使人联想到竞争、不安、危险、强烈、眩晕等紧张感。但是，斜线与斜线之间的交叉点能使人意识到方向感。此外，人们还能从三角形鲜明、平滑、锋利的感受中联想到现代的、都市的时尚氛围。

在该网站页面中，通过三角形色块起到划分网站页面和美化页面的作用，采用了不同鲜艳色彩的三角形，通过对其合理的组合，增加了页面的层次感。	在该网站页面设计中，将蓝色与洋红色的三角形组合搭配，使整个网站页面的表现更加夺目、突出，错落有致的色块则传达出空间感与动感。

5.2.4　矩形

　　矩形往往给人稳定、舒适、平衡的视觉感受，在网站页面设计中常会用到矩形，它不仅可以很好地划分页面的布局结构，而且通过设计矩形的大小、摆放的位置、颜色等，不仅使网站页面具有叠放的层次感，给人焕然一新的视觉感受，还可以突出表现网页设计师想要表达的内容，以使受众群体有效获取页面主体信息，如图 5-4 所示。

图 5-4

	第一感受	第二感受	联想到的对象
EPS10Vector	安定感 舒适感 局限/拘束感 逻辑感 死板/僵硬感	简单/清爽 忠实 端正 普通 广阔	计算机、书、箱子、墙壁、记事本、饭盒、广场、电视、门、手机

两组平行的直线相交构成了矩形，在给人秩序井然的视觉感受的同时，还具有逻辑感，由于矩形没有任何可以晃动的角落，因而，能够让人感觉安定、舒适。然而，它也有直线形态的死板感，总会使人联想到四面都是墙壁的狭窄空间，以至于产生被关在框架里的烦躁感，但是，由于人们在不同的环境下会有不同的心态，如果联想到门窗，则会有豁然开朗的感觉。

在该网站页面的设计中，使用不同颜色的矩形色块作为背景来区分页面中的不同内容，效果非常清晰、明确，并且不同颜色的色块也使得各部分内容的划分非常明确，整体给人安定、舒适、私密的印象。	该啤酒宣传网站同样使用了矩形作为页面布局的基本元素，通过矩形在垂直方向上将页面划分为3个内容区域，并根据内容的重要程度分别设置了不同的背景颜色和宽度，页面的视觉层次清晰、自然。

技巧点拨

由于人的心理感受会受到联想的对象的影响，因此，网页设计师在设计网站页面时必须细致地考虑由自己设计的形态联想的对象是否与整个网站页面主题协调。

5.2.5 菱形

随着网络技术的不断发展，网站页面的形式也不断呈现出多样化，人们越来越追求新奇、时尚、个性、潮流的网站页面。菱形具有独特、个性、闪耀、艺术、均衡的特点，因此在一些时尚、动感的网站页面中较为常用。它不仅可以鲜明地表达主题信息，还可以丰富页面的形式，增添了页面的生机感，如图 5-5 所示。

图 5-5

	第一感受	第二感受	联想到的对象
	精炼 / 锐利 崭新 / 华丽 创造 高档 死板	新奇 / 惊讶 冒险 / 危险 / 不安 漂亮 / 华丽 奇妙 / 奇怪 / 未知 个性 / 独特	钻石、军队肩章、宝石、卡片、包袱皮、纹路、皇族、玻璃

构成菱形的斜线具有很强的直线形态感，它总给人强烈的不安感，以及危险、冒险、惊讶等刺激的感觉。然而，菱形是一种既能传达不安感，又能传达安定感的形态，这是由菱形的构成要素斜线决定的，因为斜线的对称结构有稳定的比例感。在联想的实物中，钻石给人高档、华丽的感觉。尖锐的直线形态也会让人联想到三角形，也给人尖锐、锋利的感觉。单个菱形会给人不安感，但是几个菱形组合在一起就能给人牢固的稳定感。

单个的菱形往往会给人尖锐、锋利及不安感，但是在该网站页面中，采用了将多个菱形组合放置的布局结构，给人稳定、和谐及向上感。可见，在网站页面中，合理应用菱形是十分关键的。	该时尚网站页面使用菱形作为页面布局的主要图形元素，通过大小不一的菱形图片的排版使页面表现出很强的个性与时尚感，并且使用了黑色与深灰色作为页面主色调，更加凸显商品图片的表现，给人富有艺术气息的印象。

5.2.6　直线

直线是分割网站页面的主要元素之一，是决定页面形象的基本要素。它在网站页面中用于表示方向、位置、宽度、长短、质量、情绪等。直线常给人庄严、挺拔、力量、向上的感觉。巧妙运用线条可以在网站页面中形成强烈的形式感和视觉冲击力，达到吸引浏览者视线的目的。但是，应尽量避免应用直线带来的呆板与单调，如图 5-6 所示。

图 5-6

	第一感受	第二感受	联想到的对象
	笔直 / 端正 / 片面 永恒 / 无限 / 永远 区分 / 界限 整洁 / 干练 安定 / 舒适	延续 / 坚持 和平 / 宁静 无聊 / 僵化 简单 片刻	水平线、地平线、道路 / 小路 / 高速公路、电线、晾衣绳、拔河、棍子、管道

笔直端正的直线没有终点无限地延伸着，给人坚持不懈的感觉。多条平行的直线更能传达出永久的延续性，另外，合理应用平行线还可以淋漓尽致地表现出速度感。直线常用于区分界限，它使人容易联想到远方的水平线、地平线或海岸线，并由此产生广阔、舒适的感觉。但是，它也容易使人觉得单调乏味。

该宾馆宣传网站页面使用暗棕色的房间图片作为页面背景图片，给人温馨、舒适的印象。在页面中运用较粗的直线来表现导航菜单选项，其色彩鲜艳、排列整齐，与背景形成对比，容易给浏览者简洁、舒适的感受，并留下深刻的印象。	该网站页面采用超简洁风格，整个页面十分整洁，并且留有不少活动空间，极易于浏览，在该页面中间运用了一条绿色的直线，它很好地起到分割页面的作用，同时又弥补了页面的空洞感，是较为新颖的布局结构。

5.2.7 斜线

斜线具有动力、不安、速度和现代意识的特点。在网站页面中斜线的粗细、颜色、方向等都会影响整个页面的布局及风格，斜线打破了在网页中运用直线带给人的庄严和单调感，给网页增加了丰富、活泼的气氛，使页面更具生机与动感，如图 5-7 所示。

图 5-7

	第一感受	第二感受	联想到的对象
	不安定 方向性 倾斜 / 陡峭 移动 / 速度感 / 动感 强烈 进取	锋利 / 上升 / 下降 苦难 / 苦难 高低 发展 / 成长 光滑 分离 / 分割	撬棍、雨、滑梯、指 挥棒、跷跷板、闪电、 箭、流星、坡路、滑 雪场、上坡 / 下坡

　　斜线仿佛就是倾斜了的水平或垂直直线，它与直线带给人的舒适、安定的感觉不同，当人们看到斜线时往往会有逃脱、反抗、冰冷、危险、失败、困难等强烈、新鲜的刺激感。从表 5-7 中的"上升 / 下降""上坡 / 下坡"可以看出，斜线还可以传达方向性和速度感。被调查对象从斜线上还依次联想到上升的发展、成长与进取、下降的失落与衰败等不同的感受。网页设计师在设计页面设计时应灵活运用斜线。

该网站页面采用斜线形态，线条粗度适宜，长度不等，色彩明艳，突破了单一的页面形式，增添页面的动态感与速度感，更好地传达页面的信息。	该网站页面以黑色为主色调，在页面中运用色彩艳丽的斜线形态，与网站页面形成了强烈的色彩对比，而且通过其摆放位置，传达速度感和刺激感。

5.2.8　曲线

　　曲线具有流动与圆滑的特点，在网站页面中，可以通过对曲线的粗细、虚实等进行对比性的叠放，丰富网页空间的层次，使网站页面更加活泼，更具欣赏性，如图5-8 所示。

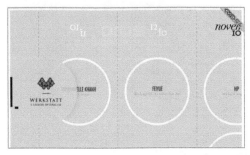

图 5-8

	第一感受	第二感受	联想到的对象
	柔和 圆滑 / 没有棱角 丰满 宽容 包容 / 关怀	女性的 自然的 安定的 / 宽广的 温和的 / 舒适的 可爱的 盈满 / 充足	彩虹、山坡、耳机、弯弓、滑梯、西瓜、海岸线、月牙、镰刀、眉毛

圆滑而平缓的曲线具有丰满、自然的形态，给人可以包容一切的心理感受，因而，它能唤起温和的情感。同时，因为曲线又是圆的一部分，所以很容易让人联想到太阳、月亮、地球等圆形物体的一部分。但是，曲线更能充分表现出母亲般的包容和女性的柔美。

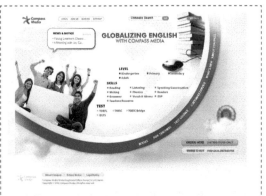

该网站页面中曲线之间自由而又错落有致的组合，构成了不规则的图形，同时通过高纯度的色彩对比，不断给人视觉上的扩充感，以更好地吸引浏览者参与到网站交互中来，有效提高页面的视觉效果和交互性。	从该网站页面中，可以十分清晰地看出曲线形态起到的最主要的作用就是分割页面，这种类型的网页布局方式较为常见，它可以使网页中的元素更加整齐，有效避免页面的杂乱无章感。

5.2.9 自由曲线

在网站页面中，自由曲线不仅可以分割、装饰、美化页面，还是最好的情感抒发手段。在页面中合理运用自由曲线，会获得不同凡响的视觉效果。柔美流畅的线条搭配时尚的色彩可以增加页面快乐、活泼的气氛。通常情况下，自由曲线多应用于女性用品的时尚网站，如图 5-9 所示。

图 5-9

	第一感受	第二感受	联想到的对象
	自由 / 自由奔放 复杂 / 杂乱 / 散漫 弹力 / 柔韧 活泼 圆滑 / 流动性 可爱	自然 精练 有感觉的 危险 流动 柔美	流动的河水 / 溪水、 乡村小路 / 羊肠小 道、波浪、蜿蜒的山 谷、山脊 / 山路、赛 车、酒后驾驶

　　自由曲线不受任何框架的限制，过于清晰条理的语言不适合描述其特征，而弯弯曲曲、东摇西晃、滑溜溜等自由的、滑稽的、不受约束的拟态词更能形象地描写自由曲线。从调查结果看，被调查对象由自由曲线大多联想到自然风景，如流动的河水、蜿蜒盘旋的山谷、乡村小路、羊肠小道等。自由曲线也具有不知延伸到何处的突发性，常给人散漫、惊险、刺激的感觉。此外，自由曲线前进方向的变化还能让人感觉到柔韧性和弹性。

在该巧克力产品的宣传网站中，多处使用自由曲线的形态，它的流动性可以形象地体现产品丝滑可口的特点，自由曲线图形的色彩也使用了巧克力特色的颜色，与产品的结合更加紧密。	自由曲线具有柔美、典雅的特点。在该化妆品宣传网站页面的设计中，自由曲线与主题文字相结合，很好地丰富了页面的表现效果，同样增强了页面的流动感与柔美感。

5.2.10　实战分析：设计产品促销页面

　　本案例设计一个产品促销页面，运用综合的布局方式对网页进行布局，通过矩形色块将页面内容划为不同的区域，便于浏览者快速、准确地找到需要的产品。在使用矩形形态划分页面内容时，还对矩形进行了适当的变形处理，使页面的表现更富有现代感，如图5-10所示。

117

图 5-10

● **色彩分析**

本案例设计的淘宝产品促销页面以绿色为主色调，绿色可以给人宁静、健康等印象，搭配黄色、白色和浅灰色等色彩，使网页层次非常分明，各部分内容也能够清晰展现，整体的配色给人感觉舒适、健康，网页干净整洁，如图 5-11 所示。

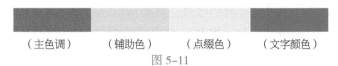

（主色调）　　　（辅助色）　　　（点缀色）　　　（文字颜色）

图 5-11

● **布局分析**

布局对于网站页面非常重要，良好的网页布局，可以给浏览者带来舒适的浏览体验。在本案例的设计制作过程中，首先为页面划分好结构层次，通过矢量绘制工具，绘制基本图形，并对图形进行相应的变形处理，划分页面中不同的内容区域，在每个内容区域中，使用图文结合的方式介绍产品功能和信息，结合图标等图形的辅助，使每部分内容的介绍清晰、重点突出，如图 5-12 所示。

使用通栏的矩形背景色块，有效划分了页面中不同的内容区域。

采用图文结合的方式，非常易读。

对背景色块进行适当的变形处理，丰富页面的表现形式。

页面内容整体上依然保持水平居中对齐。

图 5-12

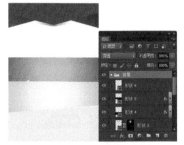

● 设计步骤解析

01. 在 Photoshop 中新建文档，将页面尺寸设置为 1 400px × 2 139px，如图 5-13 所示。使用"矩形工具"和其他矢量绘图工具绘制出各内容区域的背景，划分出页面的内容区域，如图 5-14 所示。

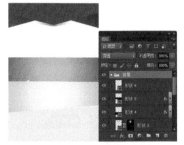

图 5-13　　　　　　　　　　　　　　　图 5-14

专家提示

　　在新建设计文档时，页面宽度设置为 1 400px，但实际内容的宽度并没有这么宽，页面高度为预估高度，在实际设计过程中可以随时通过"画布大小"来调整。

02. 在页面顶部制作促销活动主题文字，使用大号的加粗字体表现主题，对主题文字进行适当的变形处理并添加图层样式，突出主题文字的表现，如图 5-15 所示。

03. 页面的第一屏是重要的位置，通常放置重点推荐的产品，产品图像需要稍大一些，能够与页面中的其他商品图形相区别，有效突出重点推荐商品的表现效果，如图 5-16 所示。

图 5-15　　　　　　　　　　　　　　　图 5-16

04. 页面中的产品介绍都是采用图文结合的方式，在产品图片的左侧放置产品介绍文字，文字内容的排版要求重点突出，有效引导浏览者阅读，如图 5-17 所示。

05. 在第 2 部分内容区域中，首先通过 3 个圆形来突出表现活动内容，产品介绍部分则同样采用图文结合的方式表现，如图 5-18 所示。

图 5-17　　　　　　　　　　　　　　　图 5-18

06. 制作其他促销产品的展示区域，每个区域都采用了不同的排版方式，使得该产品促销页面中各区域内容的设计富有变化，如图5-19所示。需要注意的是，整个页面要求整体和谐统一，这就需要页面内容在对齐、文字排版等方面统一，最终效果如图5-20所示。

图 5-19 图 5-20

5.3 大众化网页布局形态

大众化的网页视觉布局形态类似于目前的一些建筑物，在规模上会有很大的区别，但是，外观却具有相似性。

由于大众化网页视觉布局形态具有传达大量文本信息的优势，因此，在搜索网站、专业门户网站、购物网站等内容较多的功能型网站较为常用。简单来说，大众化网页视觉布局形态是指忠实于快速传达信息的信息架构的网页布局类型。大众化网页视觉布局形态主要是使用相似的网页布局结构和形态给用户留下熟悉而深刻的印象，方便用户使用网站。然而，其在独特性与创意性方面就缺少了自身特色的差别化策略，如图5-21所示。

图 5-21

专家提示

具有独特性、创意性的网页布局视觉形态并不代表华丽，当然，大众化网页视觉布局形态也不代表就单调。大众化网页视觉布局形态并非是外观普通，设计标准都相同的网页布局类型。它同样可以根据设计要素的策划和表现，设计出低档、高档、幼稚、成熟等多种风格的网站。因此，在设计网页时，为了有效提高网站的整体水平和质量，要求对表现网页的各种要素进行细致的设计策划，使其在保持连贯性上具有更高的完成度。

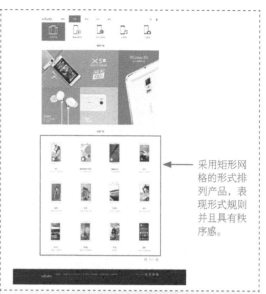

采用矩形网
格的形式排
列产品,表
现形式规则
并且具有秩
序感。

这是一个房地产企业的宣传网站,采用了大众化的布局形态。顶部为最新的项目推广大图以及企业 Logo 和网站导航菜单;中间部分划分为 3 栏,分别放置不同的栏目内容;底部为版权信息和友情链接内容,页面内容的划分清晰、明确。

这是一个具有在线销售功能的产品宣传网站,该网站包含了大量的产品信息,因而,只有采用大众化网页视觉布局形态才能更好地展示产品,页面中具体的产品图片与文字合理编排,在众多的页面信息内容中,仍然让人一目了然。

通过不同的背
景色彩来划分
不同的内容区
域,每个内容
区域根据内容
的不同,又采
用了不同的布
局和表现方
式,使页面形
式统一而富有
变化。

通过色彩来突
出表现重点信
息或功能。

大幅图片的应用,
更容易吸引浏览
者的关注。

长页面是近年比较流行的网站页面设计趋势,它也属于大众化的网页布局形态。页面中运用通栏的图像或背景颜色来分割页面中不同部分的内容,再加上错落有致的布局,使页面内容的表现非常清晰、整齐,给人带来清晰的视觉指引和整齐有序的外观感受。

由于大众化网站页面注重传达网页中的信息内容,因而,在页面内容较多的情况下,应该考虑如何突出表现页面中最主要的信息。该旅游网站同样采用了长页面的形式,局部的背景色块和大图的应用,有效引导用户在大量的信息中迅速捕捉重要的信息。

5.4 个性化网页布局形态

个性化网页视觉布局形态是指网页布局外观和结构的形态能够表现出个性化、独特性、新异性风格。还可以通过这种形态十分容易地了解网页设计师设计个性化外观形态网站的意图。

在设计个性化网页视觉布局形态的网站时，首先，网页设计师要从企业或产品的经营发展理念出发，深入理解需要表现的主题内容，隐喻确定的象征物形态并开始类推出几何学的线条和形态。其次，设计具有差别化的网页布局形态，可以根据设计意图和表现策略，不断尝试以设计出多样化的网页布局形态网站。另外，还需要考虑这种网页布局形态是否符合网站的性质、在审美上是否协调，如图 5-22 所示。

图 5-22

专家提示

通常情况下，产品宣传类的网站页面以及一些活动宣传页面常常采用独特的、有创意的个性化网页布局形态，不仅增加了页面的新颖感与趣味性，而且给人耳目一新的感觉。

该汽车产品宣传网站页面运用蓝色与红色色块，不仅可以形成视觉冲击力，而且给人视觉上的平衡感。倾斜分割的形式又使页面富有动感。页面背景运用了纺织的毛衣纹理，形象地表达了主题内容。

该家装涂料宣传网站页面的布局形态新颖，采用大面积的鲜艳色彩，形象地阐述了网页主题的内容。色块的巧妙运用具有强烈的视觉冲击力，还使平面化的网页布局形态有立体感。

 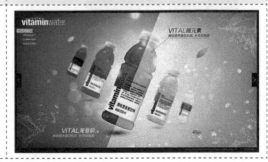

该网站页面中不断转动和变化的球体能够瞬间吸引用户去了解和使用，具有很强的互动性，将鼠标指针放置于球体周围不断旋转的图片上，图片会静止并放大展示，在整体上给人空间感。

该饮料产品的宣传网站页面使用高饱和度的红色与橙色按倾斜方向分割页面背景，页面中的产品图片同样按相同的倾斜方向放置，页面整体表现出很强的动感，给人年轻、欢乐的氛围。

5.5　常见网页视觉风格解析

由于网页视觉风格可以为展示网站品牌形象与传达网站主题信息起到烘托作用，因此，网页视觉风格设计在不断发展的设计领域中占有越来越重要的地位。网页视觉风格并不是由某种特定的相关元素决定的，而是通过各个网页不同的外观和气质的基调自然而然地表现出来。不同的网页视觉风格给人不同的心理感受。

5.5.1　简洁风格

简洁风格的网站页面给人清新、简洁的感觉。它通过精心控制页面的色彩、文字、图片以及留白，达到良好的视觉效果。构建简洁风格看似简单，但却凝聚了网页设计人员的心思。

从视觉效果的角度来说，简洁风格的核心是设计的作品都是十分简洁的，此类型网站展现的是多个设计原则的结合。网站页面留有不少的活动空间，布局十分协调，层次也较清晰，并且易于阅读，如图 5-23 所示。

图 5-23

该网页的整体设计采用简洁的纯色风格，运用色块对页面进行倾斜分割，不但清晰地划分了页面的内容，而且能够产生对比效果，使网站看上去明快、整洁。

该网站页面使用多个大小不同的三角形进行叠加设计，巧妙地形成富有层次感和立体效果的背景，此外，还在灰白的页面中增加一抹红色，让其与车体的颜色遥相呼应，使该产品的图像在页面中不会由于太过孤立而形成空洞感。

专家提示

由于简洁风格中极少运用装饰性元素，所以，它可以有效减少杂乱，使整个网站信息内容一目了然，方便用户访问网站。但是，简洁风格的页面极其简洁，不那么具有注目性，难以有效形成良好的视觉冲击力，所以，要求网页设计师在网页内容方面多花心思，使内容更加吸引浏览者，以弥补简洁风格带来的不足。

5.5.2　极简风格

极简风格是指在网站页面中基本上不使用任何装饰性元素，而是将设计简化到只剩下最基本的元素的一种网页视觉风格。极简风格的网页能给人朴素美的视觉享受，不仅看起来简洁大方，而且具有很高的使用效率。

极简风格一直很流行，历来都是最可行、最受欢迎的网站设计风格。这种风格不但能够提供最实用的设计，而且永远不会过时。以这种风格设计的网站也非常易于创建和维护。但先不要太高兴，因为设计和实现极简风格可不是一件容易的事，极简风格需要在细节上煞费苦心，在微妙之处独具慧眼，如图 5-24 所示。

图 5-24

| 该网站页面运用了极简风格，不仅设计简洁，并且通过文字的排版方式以及局部背景图像的运用，体现出浓郁的传统文化特色，非常直观、大方。 | 极简风格在移动端页面设计中非常常见，能产生很好的视觉效果。在该家具产品页面中，只使用简洁的家具产品图片与介绍文字相结合，通过背景颜色的烘托而没有使用其他装饰性元素，给人精致、典雅的感受，并且能有效突出产品的表现。 |

5.5.3　扁平化风格

扁平化风格就是在设计页面时，去除多余烦琐的装饰效果，只使用最简单的色块布局，使用少量的按钮和选项，使整个页面干净整齐，这样既便于用户操作，又可以直接表达想要表达的内容，如图 5-25 所示。

扁平化风格是在近几年手机端页面设计时，为了节省页面尺寸，便于用户查看而提出的。

图 5-25

该页面采用了典型的扁平化设计风格，页面中的各部分内容都采用了大面积的纯色色块进行分割，使页面中各部分内容的划分非常清晰、直观，没有过多的修饰，表现内容的方式更加直接。	因为受到移动设备屏幕尺寸和操作方式的限制，移动端的页面需要给浏览者提供更加直观的信息和便捷的操作，所以在移动端的页面设计中，扁平化的设计风格非常普遍。

5.5.4　插画风格

画插画对于设计师来说是信手拈来的事。插画风格最明显的优势就是在设计中添加一些新颖、独特的元素。在这个注意力持续时间几乎为零的数字世界中，任何突出的东西都能够引人注目。

在网站页面中适当加入一些简单而独特的插画元素，不仅可以使页面与众不同，而且可以体现页面的根本用途。一些熟悉绘画的网页设计师，能够充分认识到运用这种元素的价值，从而将这方面的技能投入具体的设计中，并对插画风格的发展具有推动作用，如图 5-26 所示。

图 5-26

专家提示

插画设计风格可以为网站页面带来丰富的效果，让设计的主题更加明确，并且能够很好地展现设计作品独特的格调与创造性。一般情况下，插画风格会被应用在一些具有创意的网站页面上。

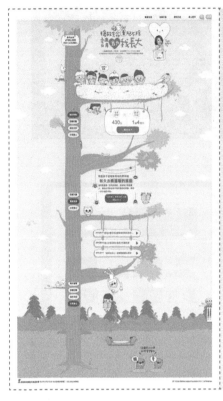

该儿童慈善活动宣传网站页面运用了卡通插画的设计风格，将整个页面设计为一个大树图形，将各部分介绍内容与大树图形巧妙地结合在一起，独特的页面设计能够很好地吸引浏览者的关注，搭配运用卡通字体，很好地表现出页面的主题。

该果汁饮品的移动端页面设计运用了插画风格，将产品图片巧妙地融入插画当中，不但体现出该果汁的新鲜与原生态，而且每个页面中安排的文字内容较少，使浏览者仿佛在看一幅幅连环画，给浏览者留下深刻、美好的印象。

5.5.5 怀旧风格

随着社会的不断进步，人们的审美观也在呈多样化的趋势发展。因此，对美的要求也在与日俱增，个性、时尚、潮流等已经在设计领域中占据重要的地位。然而，这并不意味着怀旧风格的结束，怀旧风格经过创意性的改进后，也比较常见和流行。怀旧风格在时装、广告设计、室内设计以及网页设计等领域不断出现。

色调、老照片或插图、怀旧字体是构建怀旧风格的关键要素，在设计网页页面时，可以根据网站整体内容的需要，将这 3 种要素合理地结合起来，成功构建怀旧风格的页面，如图 5-27 所示。

图 5-27

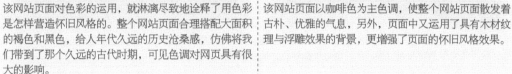

| 该网站页面对色彩的运用，就淋漓尽致地诠释了用色彩是怎样营造怀旧风格的。整个网站页面合理搭配大面积的褐色和黑色，给人年代久远的历史沧桑感，仿佛将我们带到了那个久远的古代时期，可见色调对网页具有很大的影响。 | 该网站页面以咖啡色为主色调，使整个网站页面散发着古朴、优雅的气息，另外，页面中又运用了具有木材纹理与浮雕效果的背景，更增强了页面的怀旧风格效果。 |

技巧点拨

想成功构建怀旧风格的页面，单纯依靠色调是远远不够的。照片或插图的运用对营造某种特定的氛围能够起到很好的烘托作用，通过图像的表现可以扩大人们的想象空间，从而让人有置身于另一个时代的错觉。

5.5.6　照片风格

使用照片作为网站背景？好可怕，听起来好像是十几年前互联网刚兴起时的做法。但如果看到处理得好的网站，你就不会这么想了。这些使用照片作为主要元素的网站都让人耳目一新，它们比常见的网站更加具有条理性。

千万不要低估了照片在网页中取得的效果，同时牢记住一点：越有效果的东西，使用起来越要小心。照片风格可能生动、有冲击力、意义丰富，但如果使用得不恰当，也可能使整个网站页面的表现效果相当糟糕，如图 5-28 所示。

图 5-28

照片摄影网站一般文字信息较少，更多使用精美的摄影照片给人留下深刻的印象。在该网站页面的设计中，运用整幅的人物摄影照片作为页面的背景，页面简练，充分展现摄影作品，而且导航菜单的设计非常具有新意，充分表现网站的艺术特质，给人视觉上的享受。

从该网站页面中可以看出作为背景的照片元素较为复杂，如果前景不够简洁朴素，页面就会呈现杂乱无章感。然而，该网站页面的前景仅使用了简短的几行大小不一、色彩与页面背景对比较强的字体，不仅不会破坏整体效果，还能突出主题。

技巧点拨

使用照片设计风格时，还有一个重要事项需要注意，如果背景图片很复杂，那么前景就需要设计得朴素一些，这样是为了避免页面过于凌乱，当然也能够更好地凸显页面信息。

5.5.7　立体风格

互联网更像是平面的和静态的，这就使那些具备一些空间感的网站看起来相当与众不同。为设计的某些方面添加一些立体感就能够很好地强化网页的总体视觉感受，使其变得独特，并能给人空间开阔的感觉。

在网页设计中可以通过一些简单的技术和视觉技巧体现出三维立体感。最常用的技巧就是将元素重叠放置，众多元素中的某一个是实际物体的图像时，这种方式尤其适合，让图像与页面设计重叠，就形成了立体感。另一种简单的技术就是使用阴影，靠近物体的阴影会让

图 5-29

物体具有立体感，因此会带来空间感。如果阴影看起来是从物体上延伸下来的，就更有效果了，如图 5-29 所示。

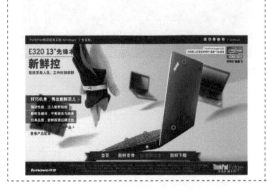

该网站页面在色彩运用上较为成功，黑色与红色形成了鲜明的对比，给人醒目的感觉，并且手元素的应用又增添了页面的趣味性，计算机在摆放位置以及大小的设置上都是十分合理的，符合透视学原理，从而给人视觉上的无限延伸感，阴影的应用也为增强页面的空间感起到了辅助的作用。

该女装品牌页面的设计非常简洁、单纯，通过与页面背景颜色形成对比的色块来突出重点信息和图片，在页面中为多个重要的元素都运用了强烈的阴影效果，页面中的大号主题文字、色块以及图片，有效地表现出页面的空间感，内容仿佛跃然背景之上。

技巧点拨

在网页设计中，构建立体风格，可以借助立体的造型手法，例如，通过折叠、凹凸的处理使页面产生浮雕的立体效果。由于网站页面中的视觉元素不同，所以可以根据实际情况，合理塑造元素，制作更加优秀、更具立体感的网站页面。

5.5.8　大字体风格

以字体为主的这种设计风格可以归类为极简主义风格，这两种风格的细微差别是，以字体为主的风格更加关注以优雅的方式来使用字体，网页能够表现出字形的自然美，并让它传达出网站的主要信息。因为使用这种风格时，特大号的字体会成为整个页面的焦点，所以一定要表现重要信息。

在该页面设计中以字体作为主要的设计元素，通过随性的手写字体加上巧妙的布局，使页面给人随意又个性十足的感觉。

该页面的设计风格也可以称为极简风格，运用黑白图片作为页面背景，在背景上并没有过多的装饰，而是在不同的部分使用不同的字体来表现页面中的不同内容，页面内容的层次结构非常清晰，给人自信、大胆且稳重可靠的感觉。

技巧点拨

文字是传达信息最重要的载体，在网页中运用大号字体时，要充分表现字形的自然美特点，以更好地在页面中形成焦点。此外，在运用大字体时，应该解决好字体层级的问题，并全面考虑字体与页面之间的协调感。

专家提示

　　网站页面的设计风格很多，无论采用何种风格进行设计，都要与网站的内容相符。这样才能将想要传达的内容快速传达给浏览者，如果一味地追求花哨的页面效果，网站本身的核心内容就容易被忽略。

5.5.9　实战分析：设计企业网站页面

　　本案例设计一款企业网站页面，该页面采用简洁的扁平化长页面风格，使用矩形色块作为背景色来区分页面中不同的栏目区域，没有过多的造型修饰，界面看起非常整洁，信息内容层次分明，如图 5–30 所示。

图 5–30

● 色彩分析

　　深灰色给人稳重、老练的感觉，浅灰色给人时尚和科技感，使用深灰色和浅灰色相结合来划分页面的背景区域，色彩明度的差异使得页面的层次结构非常清晰。橙色是比较温馨、舒适的颜色，作为页面中的点缀色，能够有效突出页面中重点信息内容的表现，并且为页面带来活力感。在页面中不同的背景色上搭配不同颜色的文字，文字的表现效果非常醒目，整个网站页面给人简洁、大方，富有活力的印象，如图 5–31 所示。

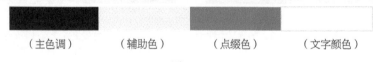

（主色调）　　　（辅助色）　　　（点缀色）　　　（文字颜色）

图 5–31

● 布局分析

　　该企业网站页面设计采用了目前比较流行的扁平化长页面表现形式。通过不同的背景色块来区别不同的功能与内容区域，页面中的内容层次非常清晰、直观，浏览者能够轻松地分辨不同信息的功能，而在每部分内容区域中，又根据该部分内容的特点选择合适的表现形式，搭配简约的扁平化图标，使界面给人清爽、整洁的视觉效果，如图 5–32 所示。

统一风格的扁平化
纯色图标，有效突
出重点内容的表现。

使用通栏的矩形色
块背景来划分页面
中不同的内容区域，
并在各部分的中间
位置放置栏目标题，
非常便于区分页面
中的各部分内容。

虽然每个栏目中的内容
表现形式不同，但是页
面内容整体居中布局，
各个栏目中的内容左右
两端都是对齐的，使整
体非常整齐。

矩阵式的图片排列方式整
齐、清新。

图 5-32

● **设计步骤解析**

01. 在 Photoshop 中新建文档，将页面尺寸设置为 1 700px×3 752px，如图 5-33 所示。
使用"矩形工具"绘制通栏的背景色块，拖入网站宣传广告素材，为导航栏所在的
背景色块添加"投影"图层样式，使页面的细节部分更有层次感，如图 5-34 所示。

图 5-33　　　　　　　　　　　　　　　　　图 5-34

02. 确认页面居中的内容区域的宽度，并拖出参考线，便于对齐内容。在导航栏左侧添
加网站 Logo，在右侧添加导航菜单选项，如图 5-35 所示。

当前选中的导航菜单选项使
用特别的背景颜色区别显示。

图 5-35

03. 在浅灰色的通栏背景色块上使用矢量绘图工具结合形状图形的加减操作，绘制一组简
约线框图标效果，图标与介绍文字相结合，使浏览者更容易理解，如图 5-36 所示。

04. 在接下来的栏目中，首先绘制深灰色的通栏背景色块，将栏目标题放置在顶部中间
位置，内容部分采用两栏布局，左侧为宣传口号，右侧为企业优势简介内容，该部

分同样搭配了图标的方式进行表现，如图 5-37 所示。

图 5-36 　　　　　　　　　　　　　　　　图 5-37

05. 在接下来的栏目采用纯白色的背景，通过矩阵式排列的方式展示相关的作品图片，页面简洁、清晰、整齐，如图 5-38 所示。

06. 接下来的新闻栏目采用与前面相同的浅灰色通栏背景色块，该部分内容采用两栏布局和图片与文字相结合的方式表现新闻内容，但在左右两栏的表现方式上又有不同，有效区分不同的新闻内容，如图 5-39 所示。

将新闻标题文字加粗，与正文简介内容相区别，表现出层次感。

图 5-38 　　　　　　　　　　　　　　　　图 5-39

07. 版底使用通栏的深灰色背景色块，与顶部的深灰色背景色块首尾呼应，如图 5-40 所示。整个页面的设计简洁、大方，重点在于页面内容的排版和细节的处理，最终效果如图 5-41 所示。

图 5-40 　　　　　　　　　　　　　　　　图 5-41

网站给用户留下的第一印象，既不是丰富的内容，也不是合理的版面布局而是网站的色彩。网页设计也属于平面图形设计，不用考虑立体图形、三维动画效果，对于平面图形而言，色彩的冲击力是最强的，它很容易给用户留下深刻的印象。因此，在设计网页时，必须高度重视色彩的搭配。

第6章

网页配色基础

6.1 色彩基础

色彩作为最普遍的一种审美形式，存在于人们日常生活的各个方面，人们的衣、食、住、行、用都与色彩有着密切的关系。色彩带给人们的魅力是无限的，色彩使宇宙万物都充满情感，生机勃勃。色彩是人们感知事物的第一要素，色彩的运用对于艺术设计来说起着决定性的作用。

6.1.1 色彩的产生

在我们的日常生活中充满着各种各样的色彩，无论平常看到的或是碰触的东西，都有色彩，既有难以感觉到的，也有鲜艳耀眼的。其实这些颜色都来自于光的存在，没有光就没有色彩，这是人类依据视觉经验得出的最基本的理论，光是人类感知色彩存在的必要条件。

色彩的产生，是由于物体都能有选择地吸收、反射或是折射色光形成的。光线照射到物体之后，一部分光线被物体表面吸收，另一部分光线被反射，还有一部分光线穿过物体被透射出来。也就是说，物体表现了什么颜色就是反射了什么颜色的光。色彩也就是在可见光的作用下产生的视觉现象。

我们日常所见到的白光（见图 6-1），实际上是由红、绿、蓝 3 种波长的光组成的，物体经光源照射，吸收和反射不同波长的红、绿、蓝光，经由人的眼睛，传达到大脑形成了我们所看到的各种颜色，也就是说，物体的颜色就是它们反射的光的颜色。

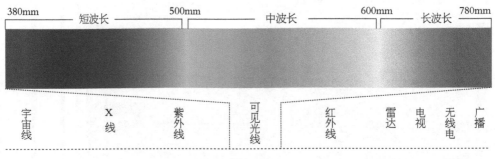

图 6-1

从人类依据视觉经验得知，既然光是色彩存在的必备条件，就应当了解色彩产生的实际理论过程（见图 6-2）。

图 6-2

专家提示

色彩作为视觉信息，无时无刻不在影响着人类的生活。美妙的自然色彩，刺激和感染着人们的视觉和心理情感，给人们提供丰富的视觉空间。

6.1.2　光源色与物体色

凡是自身能够发光的物体都被称为光源，自然光和太阳光都是光源，它们都能够自身发出光亮，但随着人类文明的发展，人造光也成了主要的光源，如灯光、蜡烛光等。物体色与照射物体的光源色、物体的物理特性有关。可见，光源色和物体色有着必然的联系。

不同光源发出的光，由于光波的长短、强弱、光源性质不同，所以形成的不同色光，被称为光源色。同一物体在不同的光源下将呈现不同的色彩，例如，一面白色的背景墙在红光的照射下，呈现红色；在绿光的照射下，呈现绿色。

（原图效果）　　　　　　（红光照射效果）　　　　　　（绿光照射效果）

人们日常看到的图像色彩都是受到光源照射的影响。例如，该网站页面主要是以灰色和黄绿色作为页面主色调，但在红光的照射下，整个页面呈现出红色调，在绿光的照射下，整个页面呈现出绿色调，这就说明图像表现的色彩受到照射光源的影响。

物体色的原理是指其自身没有发光能力，而是吸收或反射经过其的光源，反映到视觉中心的光色感觉，如建筑物的颜色、动植物的颜色、服务和产品的颜色等。而具有透明性质的物体呈现的颜色是由自身透过的色光决定的。

大自然中的各种物体保持其原本的物体色，从而突显产品绿色、健康的品质。

这是某天然食品的宣传网站，为了表现食品的纯天然与健康，在页面中使用了多种大自然的树木、水果、蔬菜、藤蔓等素材图像进行合成处理，这些图像使用的都是物体在大自然中的原本的色彩，通过自然的色彩表现出产品纯天然、健康的品质。

专家提示

物体可以分为不透明体和透明体两类，不透明体呈现的色彩是由它反射的色光决定的，透明体呈现的色彩是由它能透过的色光决定的。

6.2　RGB 颜色与 CMYK 颜色的区别

在设计工作中最常用的色彩模式有 RGB 模式和 CMYK 模式两种，通常我们在计算机屏幕上看到的色彩就是 RGB 模式，像书本、杂志、海报等印刷品用的则是 CMYK 模式。

6.2.1 RGB 颜色

显示器的颜色属于光源色。在显示器屏幕内侧均匀分布着红色（Red）、绿色（Green）和蓝色（Blue）的荧光粒子，当接通显示器电源时，显示器发光并以此显示出不同的颜色。

显示器的颜色是通过光源三原色的混合显示出来的，根据 3 种颜色内含能量的不同，显示器可以显示多达 1 600 万种颜色，也就是说，显示器的所有颜色都是通过红色（Red）、绿色（Green）和蓝色（Blue）三原色的混合来显示的，我们将显示器的这种颜色显示方式统称为 RGB 色系或 RGB 颜色空间。

> **专家提示**
> 因为显示器颜色的显示是通过红色（Red）、绿色（Green）和蓝色（Blue）三原色的叠加来实现的，所以这种颜色的混合原理被称为加法混合。

当最大能量的红色（Red）、绿色（Green）和蓝色（Blue）光线混合时，我们看到的将是纯白色。例如，在舞台四周有各种不同颜色的灯光照射着歌唱中的歌手，但歌手脸上的颜色却是白色，这种颜色就是通过混合最大能量的红色（Red）、绿色（Green）和蓝色（Blue）光线来实现的。

通过图6-3可以直观地观察到在混合最强的红色（Red）、绿色（Green）和蓝色（Blue）时能够得到的颜色。

图 6-3

当三原色的能量都处于最大值（纯色）时，混合而成的颜色为纯白色。但适当调整三原色的能量值，能够得到其他色调（亮度与对比度）的颜色。

红色（Red）+ 绿色（Green）= 黄色（Yellow）
绿色（Green）+ 蓝色（Blue）= 青色（Cyan）
蓝色（Blue）+ 红色（Red）= 洋红（Magenta）
红色（Red）+ 绿色（Green）+ 蓝色（Blue）= 白色（White）

> **专家提示**
> RGB 模式的色彩只是在计算机屏幕上显示，不用打印出来，颜色千变万化，网页设计中都需要使用 RGB 颜色模式。

使用明度和饱和度都较高的橙色作为页面背景色，表现出激情与活力的感受，搭配同样高饱和度的绿色与红色等色彩，使整个页面给人年轻、富有激情与活力的感觉。

该手机宣传网页搭配使用，不同明度和纯度的蓝色，使整个页面表现出蓝天、白云的清爽感，同时蓝色也非常符合手机产品的时尚与科技感。

6.2.2　CMYK 颜色

　　印刷或打印到纸张上的颜色是通过印刷机或打印机内置的三原色和黑色来实现的，印刷机或打印机内置的三原色是指洋红（Magenta）、黄色（Yellow）和青色（Cyan），这与显示器的三原色不同。我们穿的衣服、身边的广告画等都是物体色，印刷的颜色也是物体色。当周围的光线照射到物体时，有一部分颜色被吸收而余下的部分会被反射出来，反射出来的颜色就是我们看到的物体色（见图 6-4）。因为物体色的这种特性，物体色的颜色混合方式称为减法混合。当混合洋红、黄色和青色 3 种颜色时，可视范围内的颜色全部被吸收而显示出黑色。

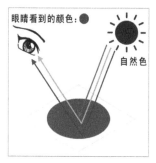

图 6-4

　　我们曾经在小学美术课堂上学习过红黄蓝三原色的概念，这里所指的红黄蓝准确地说应该是洋红、黄色和青色 3 种颜色。而通常所说的 CMYK 也是由洋红（Magenta）、黄色（Yellow）和青色（Cyan）3 种颜色的首字母加黑色（Black）的尾字母组合而成的，如图 6-5 所示。

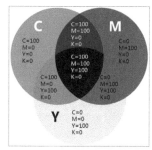

图 6-5

专家提示

　　虽然现在的图书、杂志和图像都是使用计算机设计制作，但是在制作成印刷品之前，只通过计算机屏幕上显示的图像，并没有办法控制印刷出来的成品效果，所以在制作 CMYK 印刷品时，最好是比照专用的 CMYK 色表。

6.3　色彩的属性

　　要理解和运用色彩，必须掌握归纳整理色彩的原则和方法，而其中最主要的是掌握色彩的属性。世界上的色彩千差万别，几乎没有相同的色彩，但只要有色彩存在，每一种色彩就会同时具有 3 个基本属性：色相、明度和饱和度，它们在色彩学上称为色彩的三大要素或色彩的三属性。

6.3.1　色相

　　色相是指色彩的相貌，是区分色彩种类的名称，是色彩的最大特征。各种色相是由射入人眼的光线的光谱成分决定的。

　　在可见光谱中，红、橙、黄、绿、蓝、紫每一种色相都有自己的波长与频率，它们从短到长按顺序排列，就像音乐中的音阶顺序，有秩序而和谐，光谱中的色相发射色彩的原始光，它们构成了色彩体系中的基本色相，如图 6-6 所示。

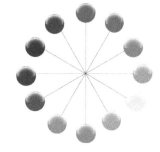

色相可以按照光谱的顺序划分为：红、红橙、黄橙、黄、黄绿、绿、绿蓝、蓝绿、蓝、蓝紫、紫、红紫 12 个基本色相。

图 6-6

　　12 色相的色调变化，在光谱色感上是均匀的。如果进一步找出其中间色，便可以得到 24 色相。基本色相间取中间色，得到 12 色相环，再进一步可得到 24 色相环。在色相环的圆圈里，各色相按不同色度排列，12 色相环每一色相间距 30°，24 色相环每一色相间距 15°。

6.3.2　明度

　　明度是眼睛对光源和物体表面的明暗程度的感觉，主要是由光线强弱决定的一种视觉经验。

　　色彩的明亮程度就是常说的明度。明亮的颜色明度高，暗淡的颜色明度低。明度最高的颜色是白色，明度最低的颜色是黑色。

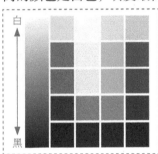

色彩的明度变化，越往上的色彩明度越高，越往下的色彩明度越低。

在该网站页面的设计中，使用不同明度的蓝紫色搭配作为页面的主色调，这种明度差异大的色彩进行搭配，能够有效提高主体对象的清晰度，有强烈的力度感和视觉冲击力。

6.3.3　饱和度

　　饱和度又可以称为纯度，是指深色、浅色等色彩鲜艳度的判断基准。饱和度最高的色彩就是原色，随着饱和度的降低，就会变化为暗淡的、没有色相的颜色。饱和度降到最低时就会失去色相，变为无色彩。

　　同一个色相的颜色，如果没有掺杂白色或黑色，则被称为"纯色"。在纯色中加入不同明度的无彩色，会出现不同的饱和度。以红色为例，在纯红色中加入一点白色，饱和度下降，而明度提升，变为淡红色。继续增加白色的量，颜色会越来越淡，变为淡粉色；如果加入黑色，则相应的饱和度和明度同时下降；加入灰色，会失去光泽，如图6-7所示。

　　（饱和度阶段图）　　　　　　　　　　　（饱和度的变化）

图 6-7

在该网站页面的设计中，如果降低页面色彩的饱和度，虽然页面中的信息内容依然表现得十分清晰，但是页面感觉发灰，色彩的对比度不够强烈，给人灰蒙蒙、不清晰的感觉。

在该网站页面的设计中，加强页面中色彩的饱和度，使页面中的主体产品图像表现效果更加突出、清晰，高饱和度的色彩搭配非常耀眼，与周围灰暗的背景形成强烈对比。

专家提示

　　不同色相的饱和度也是不相等的，例如，饱和度最高的颜色是红色，黄色的饱和度也较高，但绿色的饱和度仅能达到红色的一半左右。在人们视觉能够感受到的色彩范围内，绝大部分是非高饱和度的颜色，也就是说，大量都是含有灰色的颜色，有了饱和度的变化，才使得色彩极其丰富。同一个色相，即使饱和度发生了细微的变化，也会立即带来色彩感觉的变化。

6.3.4　色调

　　色调就是指以一种主色和其他色的组合、搭配形成的画面色彩关系，即色彩总的倾向性，是多样与统一的具体体现。一般在画面上占面积最大的色相从视觉上便成了主要色调。

　　色调具有共性，有的是以明度的一致性组成明调或暗调，有的是以纯度的一致性组成鲜艳色调或含灰色调。

该网站页面采用明色调的配色，在鲜艳的纯色中加入少量白色，形成明亮的色调，明色调略显柔和，给人明亮、华丽的感觉。

该网站页面采用暗色调的配色，页面中色彩的明度和纯度都比较低，色暗近黑，是男性化的色彩。如果在这种色调中适当搭配一点深沉的浓艳色，就可以得到华贵的效果。

技巧点拨

　　不掺杂任何无彩色（白色、黑色和灰色）的色彩，是最纯粹、最鲜艳的色调，效果浓艳、强烈，常用于表现华美、艳丽、生动、活跃的效果。

6.3.5　无彩色与有彩色

　　色彩可分为无彩色和有彩色两大类。无彩色包括黑、白和灰色，有彩色包括红、黄、蓝等除黑、白和灰色以外的任何色彩。有彩色就是具备光谱上的某种或某些色相，统称为彩调。相反，无彩色就没有任何彩调。

　　无彩色系是指黑色和白色，以及由黑白两色混合而成的各种灰色系列，其中黑色和白色是单纯的色彩，灰色却有各种深浅的不同。无彩色系的颜色只有一种基本属性，那就是"明度"。

　　无彩色系的色彩虽然不像有彩色系的色彩那样光彩夺目，却有着有彩色系无法代替和无法比拟的重要作用，在设计中，它们使画面更加丰富多彩。

将无彩色系排除剩下的就是有彩色系，有彩色系中各种颜色的性质，都是由光的波长和振幅特性产生的，它们分别控制色相和色调，即明度和饱和度，有彩色系具有色相、明度和饱和度 3 个属性。

在该牙膏产品的宣传网站设计中，使用不同明度的高饱和度洋红色作为页面主色调，表现出柔美、温馨、浪漫的氛围，并且能够与蓝色的产品形成强烈的视觉对比，页面的视觉表现力更强。	在该网站页面的设计中，使用不同明度的灰色与黑色的相机产品和文字搭配，使页面整体的色调统一，表现出很强的科技感和质感。在相机产品的镜头部分点缀少量有彩色光晕，突出产品的表现力。

6.4　网页配色的联想作用

在网页中，用什么颜色首先是根据网站的目标决定的。不同的颜色、不同的色调能够引起人们不同的情感反应，这就是所谓的色彩联想作用。很好地理解各种颜色的特性和联想作用，根据网站的目标选择颜色，这些对于网页设计者来说都是很重要的。

6.4.1　色彩联想和心理效果

色彩有各种各样的心理效果和情感效果，会引起各种各样的感受和遐想。比如看见绿色就会联想到树叶、草地，看到蓝色时，会联想到海洋、水。不管是看见某种色彩或是听见某种色彩名称，心里都会自动描绘出这种色彩带给我们的或喜欢，或讨厌，或开心，或悲伤的情绪。

网页设计师都希望能够正确利用色彩情感含义，因为正确的颜色能为网站创造正确的心情和氛围。

色相	色彩感受	传递情感
红色	血气、热情、主动、节庆、愤怒	力量、青春、重要性
橙色	欢乐、信任、活力、新鲜、秋天	友好、能量、独一无二
黄色	温暖、透明、快乐、希望、智慧、辉煌	幸福、热情、复古（深色调）
绿色	健康、生命、和平、宁静、安全感	增长、稳定、环保主题
蓝色	可靠、力量、冷静、信用、永恒、清爽、专业	平静、安全、开放、可靠性
紫色	智慧、想象、神秘、高尚、优雅	奢华、浪漫、女性化
黑色	深沉、黑暗、现代感	力量、柔顺、复杂

续表

色相	色彩感受	传递情感
白色	朴素、纯洁、清爽、干净	简洁、简单、纯净
灰色	冷静、中立	形式、忧郁

6.4.2　红色

红色对人眼的刺激效果最显著，最容易引人注目，最能够使人产生心理共鸣，最受瞩目和吸引人的颜色。红色除了具有较佳的明视效果之外，更被用于传达有活力、积极、热情、温暖、前进等含义的企业形象与精神。

红色是一种激奋的色彩，传达了兴奋、激情、奔放和欢乐的情感，能使人产生冲动、愤怒、热情、活力的感觉，对人眼刺激较大，容易造成视觉疲劳，使用时需要慎重考虑。因此不要在网页中采用大面积的红色，它常用于 Logo、导航等位置。

6.4.3　粉色

红色减弱色调就变成了粉色，粉色和红色不同，它让人觉得温和、甜蜜和可爱。粉色通常象征着爱情、美丽和女性气质，是一种充满活力而且具有时尚气息的色彩。虽然一般都认为粉色是女性化的色彩，但是我们还是能在很多意想不到的网站中发现粉色的应用，事实上，很多男设计师也可以将这种女性化的色彩应用得脱离既定印象。

粉色能够表现出安慰、放松、清新、美感、安静、开心、甜蜜等情感，除此之外，粉色还能与热情、浪漫、爱情、单纯等情感相联系，在很多网页中，粉色可以让本来平淡无奇的主题有更加吸引人的外表，达到不可思议的效果。

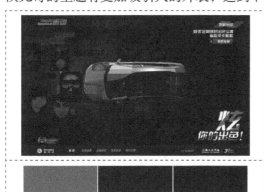 

在该汽车宣传网站中使用红色作为页面的主色调，不同明度的红色与汽车本身的色彩相呼应，搭配深灰色与白色，给人激情、奔放的情感，表现出汽车产品的热情与活力。

粉色是一种非常女性化的色彩，该网站页面使用粉色作为页面的主色调，通过粉色明度的变化，使整个页面表现出梦幻、甜蜜、浪漫的氛围，特别适合表现女性用品。

6.4.4　橙色

橙色是欢快活泼的光辉色彩，是暖色系中最温暖的颜色，它使人联想到金色的秋天、丰硕的果实、跳动的火苗，因此是一种富足的、欢乐而幸福的颜色。橙色明度高，在工业安全用色中，橙色是警戒色，如火车头、登山服装、背包、救生衣等常用橙色。由于橙色非常明亮刺眼，有时会使人有负面低俗的意象，这种状况尤其发生在服饰的运用上。

橙色稍稍混入黑色或白色，会变成一种稳重、含蓄而又明快的暖色，但混入较多的黑色，就成为一种烧焦的颜色，会给人老朽、悲观、拘谨的心理感受；橙色中加入较多的白色会给人细嫩、温馨、暖和、柔润、细心、轻巧的感觉。

6.4.5　黄色

黄色和红色一样引人注目，给人温暖和充满活力的感觉。纯净的黄色既象征着智慧之光，又象征着财富和权力，它是骄傲的色彩。黄色具有快乐、希望、智慧和轻快的个性，它的明度最高，有扩张的视觉效果，因此采用黄色作为主色调的网站也往往给人活力和快乐的情感体验。黄色还容易让人联想到黄金、宫殿等，因此也代表着高贵和富有。黄色加入白色后，给人单薄、娇嫩、可爱、幼稚、不高尚、无诚意等心理感受；加入黑色后，给人失望、多变、贫穷、粗俗、秘密等心理感受。

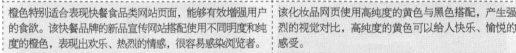

橙色特别适合表现快餐食品类网站页面，能够有效增强用户的食欲。该快餐品牌的新品宣传网站搭配使用不同明度和纯度的橙色，表现出欢乐、热烈的情感，很容易感染浏览者。	该化妆品网页使用高纯度的黄色与黑色搭配，产生强烈的视觉对比，高纯度的黄色可以给人快乐、愉悦的感受。

6.4.6　棕色

棕色在设计中具有丰富的含义，最明显的就是它与大自然有关。以公园或荒野小屋等为主题的网站，棕色是最好的选择。不过，也有一些网站设计通过这种颜色创建温暖、友好的环境。

棕色具有温暖、保守、泥土、自然、务实、健康、友好等情感，并且棕色还可以与年龄、自然、简单、可靠、诚实、舒适、稳定相联系。棕色是日常生活中比较常用的色彩，与同色系的暗色调色彩相比，更加彰显出踏实、稳重的感觉，在暖色系上再配以蓝色，可以营造出传统、古典的韵味。

6.4.7　绿色

绿色介于冷暖两种色系之间，是一种中性色彩。绿色能够表现出和睦、健康、安全的情感，能够创造出平衡和稳定的页面氛围。它和金黄色、白色搭配，可以产生优雅、舒适的气氛，常用于代表富饶、健康、生态、医疗等行业的网站。

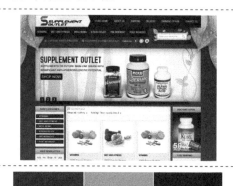

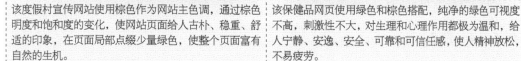

| 该度假村宣传网站使用棕色作为网站主色调，通过棕色明度和饱和度的变化，使网站页面给人古朴、稳重、舒适的印象，在页面局部点缀少量绿色，使整个页面富有自然的生机。 | 该保健品网页使用绿色和棕色搭配，纯净的绿色可视度不高，刺激性不大，对生理和心理作用都极为温和，给人宁静、安逸、安全、可靠和可信任感，使人精神放松，不易疲劳。 |

6.4.8　蓝色

由于蓝色沉稳的特性，所以具有理智、准确的意象，在商业设计中，强调科技、效率的商品或企业形象，大多选用蓝色作为标准色、企业色。蓝色的色感较冷，是最具凉爽、清新、专业特点的色彩，通常传递出冷静、沉思、智慧和自信的情感，就如同天空和海洋一样，深不可测。它和白色混合，能体现柔顺、淡雅、浪漫的气氛。

6.4.9　紫色

紫色是非知觉的颜色，神秘，给人印象深刻，有时给人压迫感，并且因对比的不同，时而富有威胁性，时而又富有鼓舞性。紫色的明度较低，给人高贵、优雅、浪漫和神秘的情感体验，较淡的色调如薰衣草（带粉红色的色调）被认为是浪漫的，而较深的色调似乎更加豪华和神秘。但眼睛对紫色光细微变化的分辨力很弱，容易引起疲劳。

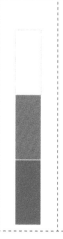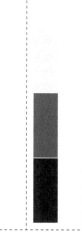

该牛奶品牌宣传网站使用蓝天、白云、草地作为页面的背景，使浏览者仿佛置身于大自然的环境中，给人带来强烈的清爽、舒适的感受，页面中的元素也都采用了蓝色与绿色搭配，表现出产品的自然、纯净。

该花店网站页面使用接近白色的浅灰色作为网页的背景色，与不同明度的紫色调搭配，体现出优雅、芬芳和舒适的感觉，并且紫色调也能够与页面顶部的薰衣草大图相呼应。

6.4.10 黑色

在商业设计中，黑色具有高贵、稳重、科技的意象，科技产品如电视、跑车、摄影机、音响、仪器的色彩，大多采用黑色。黑色还具有庄严的意象，因此也常用在一些特殊场合的空间设计中，生活用品和服饰大多利用黑色塑造高贵的形象。黑色也是永远流行的主要颜色，适合与大多数色彩搭配使用。

黑色本身是无光无色的，当作为背景色时，能够很好地衬托其他颜色，尤其与白色对比时，对比非常分明，白底黑字或黑底白色的可视度最高。

6.4.11 白色

在商业设计中，白色具有高级、科技的意象，通常需和其他色彩搭配使用。纯白色给人寒冷、严峻的感觉，并且白色还具有洁白、明快、纯真、清洁与和平的情感体验。白色很少单独使用，通常都与其他颜色混合使用，纯粹的白色背景对网页内容的干扰最小。

该汽车宣传网页使用纯黑色作为页面的背景颜色，而汽车本身是非常明亮的黄色，与背景产生强烈的对比，效果非常突出，在版面中搭配少量浅灰色和黄色的文字，页面简洁，效果突出。

该家装设计网页使用纯白色作为页面的背景主色调，搭配接近白色的浅灰色，使整个页面看起来简洁、纯净，为页面中的 Logo 以及重要选项部分点缀少量绿色，有效突出重点信息，并给浏览者带来健康、清新的感受。

6.4.12 灰色

灰色具有柔和、高雅的意象，随着配色的不同可以很动人，相反也可以很平静。灰色较为中性，象征知性、老年、虚无等，使人联想到工厂、都市、冬天的荒凉等。在商业设计中，许多高科技产品，尤其是和金属材料有关的产品，几乎都采用灰色来传达高级、科技的形象。由于灰色过于朴素和沉闷，在使用灰色时，大多利用不同的层次变化组合或搭配其他色彩，使其不会有呆板、僵硬的感觉。

该数码相机网站页面使用灰色作为主色调，背景的浅灰色与相机的色彩相呼应，给人精致、高档的感受，在页面局部点缀少量的红色来突出重点信息，也有效打破了页面的沉闷。	该网站采用无彩色搭配，使用浅灰色作为页面主色调，通过明度的变化使背景富有变化效果，在页面中搭配黑色的文字和按钮，表现出科技与高档感，也与产品的色彩相呼应。

6.4.13　实战分析：设计珠宝首饰网站页面

珠宝首饰类网页的重点是产品，需要突出产品的表现效果。本案例设计的珠宝首饰网站页面使用黑色到深灰色的径向渐变作为页面的背景，与高明度的珠宝首饰产品图形形成鲜明的对比效果，有效突出珠宝首饰产品的表现效果，如图 6-8 所示。

图 6-8

- **色彩分析**

该珠宝首饰宣传网站页面使用黑色和深灰色作为页面的主色调，黑色背景能够表现出高档与尊贵感，在深灰色的页面背景上放置精美的珠宝首饰图片，有效突显珠宝首饰的产品效果，使产品璀璨夺目。搭配高明度的白色或黄色文字，体现出产品的尊贵品质，整个网站页面给人高档、华贵的视觉印象，如图 6-9 所示。

（主色调）　　　　（辅助色）　　　　（点缀色）　　　　（文字颜色）

图 6-9

- **布局分析**

本案例设计的珠宝首饰网页页面采用满屏式布局，重点以产品形象的展示为主，文字内容较少。在页面中心位置运用大图轮换的方式展示珠宝产品，突出珠宝的显示效果，导航菜单等其他内容则放置在版面中面积相对较小的区域，使版面具有很强的感染力和产品宣传展示效果，如图 6-10 所示。

当前产品以较大的尺寸显示在页面正中间位置，其他产品图片则以较小的模糊效果显示，使页面富有空间立体感。

在页面底部设置了产品分类导航，其表现效果比网页栏目导航更突出，方便用户浏览不同分类的产品。

图 6-10

● **设计步骤解析**

01. 将页面尺寸设置为 1 280px × 650px，超出页面的部分可以使用背景颜色平铺，从而保证页面的完整性，而高度为 650px，控制在一屏以内，如图 6-11 所示。

02. 使用黑色的纯色作为网页的背景色彩，搭配光影素材的处理，页面背景简洁，能够突出表现产品的高档感，如图 6-12 所示。

图 6-11   图 6-12

03. 在网页顶部安排导航菜单，使用纹理素材背景突出导航菜单的表现效果，如图 6-13 所示。

04. 在版面的中间位置使用大幅的版面来展现产品效果，并且对产品图片进行处理，搭配使用清晰和模糊的产品图片，很好地表现出版面的空间感和层次感，如图 6-14 所示。

图 6-13   图 6-14

05. 整个页面使用上下构图方式，上部为导航菜单，中间主体部分为产品展示区域，底部为产品类型的选择菜单和版底信息部分，整个页面的结构层次清晰，产品表现效果突出，如图 6-15 所示。

图 6-15

6.5　网页配色常见问题

在设计网页过程中，设计师尽管在初期掌握了一定的色彩理论，但是在实际配色时，难免会出现一些问题，总是觉得配色不够完善。本节将对网页配色中经常遇到的问题进行总结和归纳，供读者参考。

6.5.1　如何培养色彩的敏感度

希望能够对色彩运用自如，不只靠敏锐的审美观，即使没有任何美术的底子，只要做到常收集和记录，一样能够有敏锐的色彩感。

可以尽量多收集生活中喜欢的色彩，可以是数码的、平面的等各式各样的材质，然后将收集的素材，依照红、橙、黄、绿、蓝、靛、紫、黑、白、灰、金、银等不同的色系分门别类，形成自己的色彩资料库，以后在需要配色时，就可以从色彩资料库中找到适当的色彩与质感。

也要训练自己对色彩明暗的敏感度，色相的协调虽然重点，但要是没有明暗度的差异，配色也不会美。在收集色彩素材时，可以同时测量它的亮度，或者制作从白色到黑色的亮度标尺，记录该素材最接近的亮度值。

使用高饱和度的黄色作为页面的主色调，搭配黄橙色，给人年轻、富有激情与活力的印象。在页面中搭配蓝天白云的自然场景，给人带来舒适、自然的感受。

在该产品的宣传网站中结合使用不同明度和纯度的棕色纹理素材作为整个网站的页面，使页面表现出很强的质感，并且能够与该企业生产的皮质产品形成良好的呼应，也表现出产品的质感。

运用以上提供的两种方法，日积月累，对色彩的敏锐度就会越来越强。

6.5.2 通用配色理论是否适用

在浏览各种不同的网页设计时，会发现很多设计已经不能套用原先的配色原则，特立独行的风格形象主题更令人印象深刻。

不为传统的配色理论所束缚，尝试风格新鲜的网页配色，这是时代变迁带给人们思想观念的转变，将完全不符合原则的色彩搭配在一起，就能够创造出与众不同的视觉感。

但不是说完全摆脱传统的配色模式，而是在了解了美的范畴的原则后，能够跳出过去配色方式的局限。

| 该页面使用纯度较低的黄色与绿色在页面中将版面分为左右两个部分，形成对比效果，但色彩的纯度较低，并且保持在同一场景中，又显得非常和谐、不刺激，给人新奇的视觉感。 | 该产品宣传网页主要使用产品自身包装的色彩搭配网页色彩，使网页整体形象与产品的形象统一，给人统一的视觉形象。 |

> **技巧点拨**
>
> 采用传统配色的网站能在视觉上直接传达它要表达的主题，含义明确，留给人的印象和带给人的感受往往是比较鲜明的。

6.5.3 配色时应该选择双色还是多色组合

单个颜色的明暗度组合，给人的统一感会很强，容易让人产生印象；双色组合会使颜色层次明显，让人一目了然，产生新鲜感。多色组合会让人产生愉悦感，丰富的色彩会使人更容易接受，在色彩的排列上，也会因顺序的变化，给人截然不同的感觉。

该网页运用单一的浅蓝色进行配色,通过对浅蓝色明度和纯度的变化,搭配白色的图形与文字,使整个页面给人清新、自然的感觉。

该楼盘宣传网站使用楼盘效果图作为页面的背景,在网页中搭配使用多种高纯度色彩,使页面给人留下绚丽、时尚、现代的印象。但需要注意,搭配使用多种色彩比较冒险,处理不好就会使页面混乱。

技巧点拨

若想产生新奇感、科技感和时尚感,可以采用特殊色,如金色、银色,产生吸引人的效果。

6.5.4　尽可能使用两至三种颜色进行搭配

虽然在网页配色时多色的组合能让人产生愉悦,但是考虑到人眼和记忆只能存储两到三种颜色,过多的色彩可能会使页面显得较为复杂,分散。相反,越少的色彩搭配能在视觉上让人产生印象,也便于合理搭配,更容易让人们接受。

该网页使用浅灰蓝色作为背景主色调,搭配浅蓝色图形,使页面表现出清新、雅致的效果,在局部点缀鲜艳的蓝色和红橙色,突出重点内容,使页面的视觉效果一目了然。

该牛奶饮品宣传网站完全使用了该产品包装设计的配色方案,使用高饱和度的蓝色作为页面背景主色调,表现出产品的纯净,局部点缀红色,突出品牌 Logo 和重要选项的表现,页面简洁,视觉效果突出。

6.5.5　如何快速实现完美的配色

在进行网页配色时,可以试着联想某个具体物体的色彩印象,从物体色彩出发。例如,想表现出清凉舒适的感觉,可以联想到水、植物以及其他有生机的东西,这样在你的脑中浮现的代表颜色就有蓝色、绿色、白色,可以把这些颜色挑选出来加以运用。

选定色彩时,确定页面的主色调,再配一两个合适的辅助色。如果想要呈现沉着、冷静的感觉,应以冷色调当中的蓝色为主。

同样的配色在面积、比例和位置稍有不同时,给人的感觉也会不同,在制作时可以考虑多种配色组合,挑选效果最佳的配色。

| 该汽车宣传网页搭配使用大自然的色彩。蓝天、白云、绿草地这些都是大自然中的色彩，将其应用到网页配色中，可以体现自然、清新和舒适的感受，给人感觉悠闲而放松。 | 蓝色给人冷静、悠远、沉着的印象，使用同色系的蓝色进行色彩搭配，非常适合科技企业。虽然在该网站页面的局部点缀了少量的黄色，但由于其面积较小，并不能改变页面整体的印象，局部点缀的黄色在页面中起到突出重点的作用。 |

技巧点拨

在对网页进行配色时，使用的颜色最好不要超过 4 种，使用过多的颜色会造成页面繁杂，让人觉得没有侧重点，网页必须确定一两种主题色，在选择其他辅助色彩时，需要考虑其他配色与主题色的关系，这样才能使网页的色彩搭配和谐、美观。

6.5.6 实战分析：设计汽车宣传网站页面

因为本案例设计的汽车宣传网站，重点是突出表现该汽车的强劲动力，所以在该网站页面的设计过程中，把通过合成处理的汽车广告图片作为整个网站页面的背景，有效地渲染出动感和激情的氛围，吸引浏览者的注意，如图 6-16 所示。

图 6-16

● **色彩分析**

该汽车宣传网站页面使用深灰蓝色作为页面的背景主色调，明度和饱和度都比较低，给人刚毅、强劲的印象。搭配高饱和度的红色汽车产品图片，与深暗的背景形成对比，有效突出页面中汽车产品的表现效果。在页面中局部点缀红色的图形，突出白色文字的表现效果和页面中信息的显示，并且与红色的汽车相呼应，如图 6-17 所示。

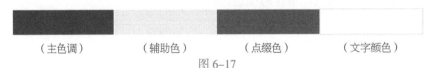

（主色调）　　　（辅助色）　　　（点缀色）　　　（文字颜色）

图 6-17

● **布局分析**

本案例设计的汽车宣传网站页面采用满屏式布局，使用汽车广告图片作为整个页面的背景，对页面中的主题文字进行倾斜和透视处理，网页中的导航菜单同样进行了倾斜处理，与汽车广告图片相结合，体现出动感的视觉效果，网页中文字和图片的处理都采用了简约的扁平化处理方式，并没有添加过多的修饰效果，而是通过纯色块的方式，使页面中的信息内容非常清晰、简约，如图 6-18 所示。

图 6-18

● **设计步骤解析**

01. 将页面尺寸设置为 1 440px × 750px，页面宽度较宽，便于在宽屏分辨率下正常显示页面的背景图像，高度控制在一屏以内，如图 6-19 所示。

02. 在网页中拖入该汽车产品的宣传广告图片，并通过绘制图形、添加素材图像进行合成等方式，渲染出富有激情与动感的汽车产品形象，如图 6-20 所示。

图 6-19　　　　　　　　　　　　　　　图 6-20

03. 添加该汽车产品的主题文字，通过对文字进行倾斜、旋转、透视等操作，使主题文字同样表现出与汽车产品背景相符的动感风格，如图 6-21 所示。

04. 在页面左下方放置该汽车产品的宣传视频图片，右下方放置两个链接，并为两个链接选项添加倾斜的红色背景以及赛车元素，突出动感风格的表现，如图 6-22 所示。

图 6-21　　　　　　　　　　　　　　　图 6-22

05. 因为该汽车宣传网站页面的重点在于汽车产品的宣传，所以，在该网站页面中将导航菜单放置在页面的底部，为每个导航菜单项都添加了倾斜的四边形背景，突出表现该网页页面的动感风格，并且当前选中的导航菜单选项会表现为红色的背景，与汽车产品相呼应，能够吸引浏览者注意，如图 6-23 所示。

图 6-23

06. 在页面的最底部放置版底信息内容，左侧最下面为链接选项，右侧最下面为版权声明信息，最终效果如图 6-24 所示。

图 6-24

色彩搭配既是一项技术性工作，也是一项艺术性很强
的工作。因此，设计者在设计网站页面时除了考虑网站本身
的特点外，还需要遵循一定的艺术规律，才能设计出色彩鲜
明、风格独特的网站。

第 **7** 章

网页元素的基本配色

7.1 网页配色的基本方法

色彩不同的网页给人的感觉会有很大差异，可见网页的配色对于整个网站的重要性。一般在选择网页色彩时，最好选择与网页类型相符的颜色，而且尽量少用几种颜色，调和各种颜色，使其有稳定性。

7.1.1 主题色

色彩是网站艺术表现的要素之一。在网页设计中，根据和谐、均衡和重点突出的原则，组合不同的色彩，构成美丽的页面，同时应该根据色彩对人们心理的影响，合理运用。

主题色是指在网页中最主要的颜色，包括大面积的背景色、装饰图形颜色等构成视觉中心的颜色。主题色是网页配色的中心色，通常以它为基础搭配其他颜色。色彩作为视觉信息，无时无刻不在影响着人类的正常生活。美妙的自然色彩刺激和感染着人们的视觉和心理情感，给人们提供丰富的视觉空间。

该网站页面使用明度较高的浅紫红色作为网页的主题色，与高纯度的紫红色搭配，在白色背景下，使整个网页浪漫、唯美。	该旅游网站页面使用深蓝色作为页面的主题色，与背景中的大海图像相结合，给人宁静、舒适的印象，局部点缀高饱和度橙色突出重点内容，整个页面非常简洁、清晰。

网页主题色主要是由网页中的整体栏目或中心图像形成的中等面积的色块（见图7-1）。它在网页空间中占有重要的地位，通常形成网页的视觉中心。

 面积很大的颜色通常是网页的背景色。

 面积过小的颜色很难成为网页主角。

 主题色通常在网页中占据中等面积。

图 7-1

网页主题色的选择通常有两种方式：要产生鲜明、生动的效果，则选择与背景色或者辅助色呈对比的色彩；要整体协调、稳重，则应该选择与背景色、辅助色相近的相同色相颜色或邻近色。

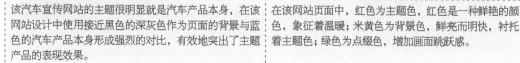

| 该汽车宣传网站的主题很明显就是汽车产品本身，在该网站设计中使用接近黑色的深灰色作为页面的背景与蓝色的汽车产品本身形成强烈的对比，有效地突出了主题产品的表现效果。 | 在该网站页面中，红色为主题色，红色是一种鲜艳的颜色，象征着温暖；米黄色为背景色，鲜亮而明快，衬托着主题色；绿色为点缀色，增加画面跳跃感。 |

7.1.2　背景色

背景色是指网页中大块面的表面颜色，即使是同一组网页，背景色不同，带给人的感觉也截然不同。背景色占有绝对的面积优势，支配着整个空间的效果，是网页配色首先关注的地方。

目前用的网页背景颜色主要包括白色、纯色、渐变颜色和图像等几种类型。网页背景色也被称为网页的"支配色"，网页背景色是决定网页整体配色印象的重要颜色。

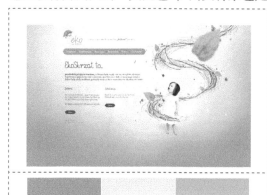

| 清新而又自然的绿色系色调常常带来与新鲜和自然相通的联想，它与不同浓度的黄绿色搭配，纯度饱满，可以产生犹如初生般的新鲜感。 | 该汽车宣传网站使用饱和度较高的黄色作为页面的背景主色调，搭配红色的汽车产品，给人年轻、时尚、富有活力的感觉。 |

在人们的脑海中，有时看到色彩就会想到相应的事物，眼睛是视觉传达的最好工具，看到一个画面时，人们第一眼看到的就是色彩。例如，绿色给人很清爽的感觉，象征着健康，因此人们不需要看主题字，就会知道这个画面在传达什么信息，简单易懂。

网页的背景色对网页整体空间印象的影响比较大，因为网页背景在网页中占据的面积最大。使用柔和的色调作为网页的背景色，可以形成易于协调的背景。使用鲜艳的颜色作为网页的背景色，可以使网页产生活跃、热烈的印象。

| 使用高明度的浅蓝色与白色相搭配作为页面的背景，给人一种清爽、舒适的印象，在页面中与高饱合度的绿色相搭配，让人感觉自然而富有生命力。 | 在该网页设计中，网页背景色与主题色使用对比的颜色搭配，色相差较大，使整个网页紧凑有张力。 |

7.1.3 辅助色

一般来说，网站页面通常都不止一种颜色。除了具有视觉中心作用的主题色之外，还有一类陪衬主题色或与主题色相呼应产生的辅助色。

辅助色的视觉重要性和面积次于主题色和背景色，常常用于陪衬主题色，使主题色更加突出。在网页中，辅助色通常用于较小的元素，如按钮、图标等。网页中的辅助色可以是一个颜色，或者一个单色系，还可以是由若干颜色组成的颜色组合。

| 使用黄色作为网页的辅助色，衬托网页中的主题色。黄色是最光亮的色彩，在有彩色的纯色中明度最高，能够给人光明、迅速、轻快的感觉。 | 在该饮料产品的活动网站中使用明度较高的蓝色作为主色调，表现出清爽与舒适的感觉，搭配红色和黄色的辅助色，使页面活跃、突出，也能够与产品包装的色彩相呼应。 |

技巧点拨

辅助色衬托主题色，可以令网页瞬间充满活力，给人鲜活的感觉。辅助色与主题色的色相相反，起突出主题的作用。辅助色面积太大或是纯度过高，都会弱化关键的主题色，所以相对的暗淡、适当的面积才会达到理想的效果。

在网页中为主题色搭配辅助色，可以使网页产生动感，活力倍增。网页辅助色通常与网页主题色保持一定的色彩差异，既能突显出网页主题色，又能够丰富网页整体的视觉效果。

在该网页设计中，使用柔和的浅蓝色作为网页的背景色，给人感觉柔和、舒适。使用纯度较高的绿色作为辅助色，表现出产品的自然与纯净。	在该网站页面的设计中将辅助色与主题色进行对比配色，强调页面中的重点内容，使该部分内容从画面中凸显出来，画面活跃，有重点。

7.1.4　点缀色

网页点缀色是指网页中较小面积的颜色，常用于页面中局部元素，如图片、文字、图标和其他网页装饰颜色。点缀色常常采用强烈的色彩，常以对比色或高纯度色彩来表现。

因为点缀色通常用来打破单调的网页整体效果，所以如果选择与背景色过于接近的点缀色，就不会产生理想效果。为了营造出生动的网页空间氛围，点缀色应选择较鲜艳的颜色。在少数情况下，为了特别营造低调柔和的整体氛围，点缀色还可以选用与背景色接近的色彩。

例如，在需要表现清新、自然的网页配色中，使用绿叶来点缀网页画面，使整个画面瞬间变得生动活泼，有生机感，绿叶既不抢占网页画面主题色彩，又不失点缀的效果，主次分明，有层次感。

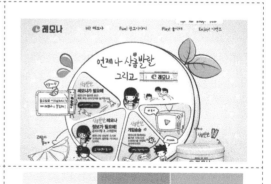

该旅游网站页面使用白色作为背景色，蓝色作为网页的主题色，使网页清爽、自然，通过应用橙色点缀色，使整个网页生动、活泼起来。	该网页使用鲜艳的黄色作为背景主色调，表现出活泼、明亮的感觉，通过运用绿色点缀色，使页面更加生动。

在不同的网页位置，对于网页点缀色而言，主题色、背景色和辅助色都可能是网页点缀色的背景。在网页中，点缀色的应用不在于面积大小，面积越小，色彩越强，点缀色的效果才会越突出。

大面积鲜艳的色彩。 ✕

小面积不鲜艳的颜色。 ✕

小面积的鲜艳色彩最有效果。 ✓

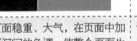

通过灰色与黑色相搭配,页面稳重、大气,在页面中加入橙色的点缀色,改变页面沉闷的色调,使整个页面生动、富有活力。	该网站页面使用红橙色作为网页主色调,让人感觉喜庆、欢乐,加入强对比的蓝色作为点缀色,使页面具有层次感。

7.2　网页文本配色

因为比起图像或图形布局要素来说,文本配色需要更强的可读性和可识别性。所以文本的配色与背景的对比度等问题就需要多费些脑筋。很显然,只有文字颜色和背景色有明显的差异,其可读性和可识别性才会强。

7.2.1　网页与文本的配色关系

网页文字设计的一个重要方面就是对文字色彩的应用,合理应用文字色彩可以使文字更加醒目、突出,有效吸引浏览者的视线,还可以烘托网页气氛,形成不同的网页风格。

灰色或白色等无彩色背景的可读性高,与别的颜色也容易配合。但如果想使用一些比较有个性的颜色,就要注意颜色的对比度问题。多试验几种颜色,努力寻找那些熟悉的、适合的颜色。

另外,在文本背景下使用图形,如果使用对比度高的图像,可识别性就要降低。在这种情况下就要考虑图像的对比度,并使用只有颜色的背景。

在以浅灰色为主色调的网页背景中，使用明度较低、纯度较高的红色和深灰色文字，文字表现清晰，整体让人感觉充满科技感。	使用高明度的浅色系作为网页背景，搭配高纯度的深蓝色文字，并且对个别文字使用对比色搭配，加大字号，表现突出，给人时尚和科技感。

标题字号如果大于一定的值，即使使用与背景相近的颜色，也不会对其可识别性有太大的妨碍。相反，与周围的颜色互为补充，可以给人整体调和的感觉。如果整体使用比较接近的颜色，就对想调整的内容使用它的补色，这也是配色的一种方法。

该网站页面以紫色为主色调，让人感觉优雅、女性化，在紫色的背景上搭配明度最高的白色文字，页面内容清晰，可读性高。	棕色带给人安定、安全和安心感，棕色在日常生活中是比较常用的色彩，搭配同色系的暗色调色彩，更加彰显出踏实、稳重的感觉。

专家提示

实际上，想在网页中恰当地使用颜色，就要考虑各个要素的特点。背景和文字如果使用近似的颜色，其可识别性就会降低，这是文本字号处于某个值时的特征，即各要素的大小发生了改变，色彩也需要改变。

7.2.2　良好的网页文本配色

色彩是很主观的东西，你会发现，有些色彩之所以会流行起来，深受人们的喜爱，那是因为配色除了注重原则以外，它还符合了以下几个要素。

◆　顺应了政治、经济、时代的变化与发展趋势，和人们的日常生活息息相关。

◆　明显和其他有同样诉求的色彩不一样，跳脱传统的思维，特别与众不同。

◆　浏览者看到是不会感到厌恶的，因为不管是多么与概念、诉求、形象相符合的色彩，只要不被浏览者接受，就是失败的色彩。

◆　与图片、照片或商品搭配起来，没有不协调感，或有任何怪异之处。

◆　能让人感受到色彩背后要强调的故事性、情绪性和心理层面的感觉。

◆　页面上的色彩有层次，由于不同内容或主题适合的色彩不尽相同，因此，在配色时，也要切合内容主题，表现出层次感。

明度上的对比、纯度上的对比以及冷暖对比都属于文字颜色对比度的范畴。运用颜色能否实现想要的设计效果、设计情感和设计思想，这些都是设计好优秀的网页必须注重的问题。

红色是受人瞩目的颜色，能够让人联想到火焰与浓艳，很容易吸引人的眼球。针对不同的背景色，搭配不同的文字颜色，重点突出文字表现。

蔚蓝色有着天空一样的色彩，让人觉得舒适、轻松。文本的颜色搭配与背景色同色系的深棕色，和谐、自然，并且能够与网页色彩印象统一。

7.3 网页元素色彩搭配

网页中的几个关键要素，如网页 Logo 与网页广告、导航菜单、背景与文字，以及链接文字的颜色应该如何协调，是网页配色时需要考虑的问题。

7.3.1 Logo 与网页广告

因为 Logo 和网页广告是宣传网站最重要的工具，所以这两个部分一定要在页面上脱颖而出。怎样做到这一点呢？可以将 Logo 和广告做得像象形文字，并从色彩方面与网页的主题色分离开来。有时候为了更突出，也可以使用与主题色相反的颜色。

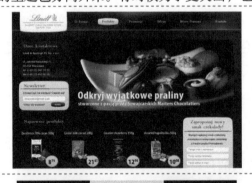

将不同明度的紫色渐变作为整个页面的背景颜色，体现出非凡的魅力，网页中的广告应用低明度的咖啡色，配色温和，整个页面柔和统一。

该网站页面使用搭配明度较高的浅蓝色和浅黄色，表现出柔和的印象，网页 Logo 则采用纯度较高的紫色，使 Logo 在网页中的表现非常突出。

7.3.2　导航菜单

网页导航是网页视觉设计中重要的视觉元素，它的主要功能是更好地帮助用户访问网站内容，优秀的网页导航，应该立足于用户的角度去设计，导航设计得合理与否将直接影响到用户使用得舒适与否，在不同的网页中使用不同的导航形式，既要注重突出表现导航，又要注重整个页面的协调性。

所以网站导航可以使用稍微具有跳跃性的色彩，吸引浏览者的视线，让浏览者感觉网站结构清晰、明了、层次分明。

| 该网站页面使用高明度的浅蓝色作为网页背景色，搭配高纯度的蓝色和紫色组成导航菜单，栏目清晰、明确。 | 该网站页面的主导航菜单使用灰色，与背景的色彩差异较大，副导航菜单采用高纯度的多彩色，表现丰富、清晰。 |

7.3.3　背景与文字

如果网站用了背景颜色，就必须考虑背景用色与前景文字的搭配问题。因为一般网站侧重的是文字，所以背景可以选择纯度或者明度较低的色彩，文字用较为突出的亮色，让人一目了然。

艺术性的网页文字可以更加充分地利用文字颜色与背景颜色对比的优势，以个性鲜明的文字色彩，突出网页的整体设计风格，或清淡高雅、或原始古拙、或前卫现代、或宁静悠远。总之，只要把握文字的色彩和网页的整体基调，使其风格一致，局部中有对比，对比中又不失协调，就能够自由地表达出不同网页的个性特点。

该网站使用高纯度和低明度的绿色作为网页的背景色，给人感觉自然、幽静，搭配白色的文字，在深绿色的背景中非常显眼，页面让人感觉简洁、清晰。	该网站页面使用深蓝色作为背景主色调，体现出科技感，页面中的主题文字采用与背景形成强烈对比的白色，并且主题文字本身也采用了白色与黄色等多种高饱和度色彩的处理方式，主题非常突出。

专家提示

有些网站为了让浏览者留下深刻的印象，会在背景上做文章。比如空白页的某一部分用了大块的亮色，给人豁然开朗的感觉。为了吸引浏览者的视线，要突出背景，所以文章就要显得暗一些，这样才能与背景区分开来，以便浏览者阅读。

7.3.4 链接文字

网站不可能只包含一个网页，所以文字与图片的链接是网站不可缺少的一部分。现代人的生活节奏相当快，不可能浪费太多的时间去寻找网站的链接。因此，要设置独特的链接颜色，让人感觉它与众不同，自然而然地单击链接。

这里特别指出文字链接，因为文字链接区别于叙述性的文字，所以文字链接的颜色不能和其他文字的颜色一样。

突出网页中文字链接的方法主要有两种，一种是当鼠标指针移至文字链接上时，文字链接改变颜色；另一种是当鼠标指针移至文字链接上时，文字链接的背景颜色发生改变，从而突出显示文字链接。

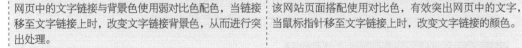

网页中的文字链接与背景色使用弱对比色配色，当链接移至文字链接上时，改变文字链接背景色，从而进行突出处理。	该网站页面搭配使用对比色，有效突出网页中的文字，当鼠标指针移至文字链接上时，改变文字链接的颜色。

7.3.5 实战分析：设计咖啡馆宣传网站页面

本案例设计一个咖啡馆宣传网站页面，该网站页面从整体上看是一个满屏布局的页面，页面内容采用了左右两栏布局，左侧安排页面的导航菜单，右侧是页面的正文内容，页面结构清晰，如图7-2所示。

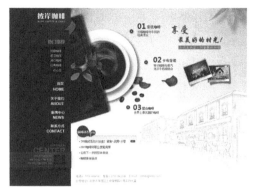

图 7-2

● 色彩分析

与咖啡相关的网站页面通常都会采用与咖啡类似的咖啡色进行配色，本案例也不例外，使用咖啡色作为网站页面的主色调，搭配同色系色彩和浅灰色，页面整体色调统一，给人温馨、舒适的感受。在页面局部点缀玫瑰花素材，为整个页面增添浪漫气息，如图 7-3 所示。

（主色调）　　　　（辅助色）　　　　（点缀色）　　　　（文字颜色）

图 7-3

● 布局分析

咖啡馆宣传网站页面的重点在于如何通过构图来吸引浏览者。本案例的咖啡馆网站页面采用了左右的页面布局方式，并且将左侧的导航菜单压住右侧相应的素材，增强页面内容的关联性和页面的层次感。在页面内容的处理上，运用图像与文字相结合的形式，自由排版，使得页面看起来很随性、舒适，如图 7-4 所示。

左侧的导航菜单内容采用统一的右对齐方式。

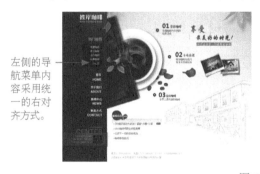
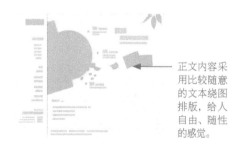

正文内容采用比较随意的文本绕图排版，给人自由、随性的感觉。

图 7-4

● 设计步骤解析

01. 在 Photoshop 中新建文档，将页面尺寸设置为 1 024px × 768px，如图 7-5 所示。绘制矩形色块，将页面分为左右两栏，并添加相应的素材图像，丰富背景的表现效果，如图 7-6 所示。

图 7-5

图 7-6

02. 在页面中添加与咖啡馆主题相关的素材图像，烘托页面的效果，注意调整图层的叠放顺序，使页面看起来富有层次感，如图 7-7 所示。在左侧栏中制作网站导航菜单的相关选项，注意内容的对齐处理，如图 7-8 所示。

图 7-7

图 7-8

03. 在右侧正文内容部分，使用图文混排的方式，将文字围绕主题图片排版，注意文字标题与正文简介之间的层次感，并添加相应的素材元素进行点缀，如图 7-9 所示。在页面下方使用新闻列表的形式表现新闻动态内容，最终效果如图 7-10 所示。

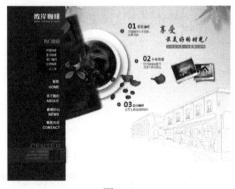

图 7-9

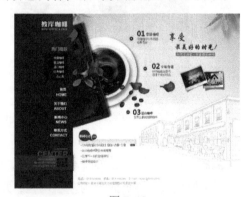

图 7-10

专家提示

很多宣传类型的网站中文字内容较少，这就需要设计师通过独特的创意来表现页面的主题，使页面既精致美观，又独具创意，最重要是能够很好地表现好页面的主题。

7.4　根据受众群体选择网页配色

色彩是我们接触事物首先感受到的，也是印象最深刻的。打开网站，最先感受到的并不是网站提供的内容，而是网页中的色彩搭配呈现出来的感受，各种色彩通过视网膜印在我们脑海中，在无意识中影响着我们的体验和每一次点击。

7.4.1　不同性别的色彩偏好

色彩带给人的感受存在客观上的代表意义，但是每个人眼中实际感受到的色彩存在大大小小的差异。如果想在网站设计中通过色彩恰当地传递情感，就要从多个方面考虑色彩的实用性。在设计网页之前必须确定目标群体，找出目标群体对色彩的喜好以及可运用的素材，做好充分的准备。

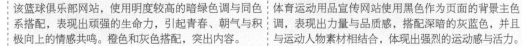

该篮球俱乐部网站，使用明度较高的暗绿色调与同色系搭配，表现出顽强的生命力，引起青春、朝气与积极向上的情感共鸣。橙色和灰色搭配，突出内容。

体育运动用品宣传网站使用黑色作为页面的背景主色调，表现出力量与品质感，搭配深暗的灰蓝色，并且与运动人物素材相结合，体现出强烈的运动感与活力。

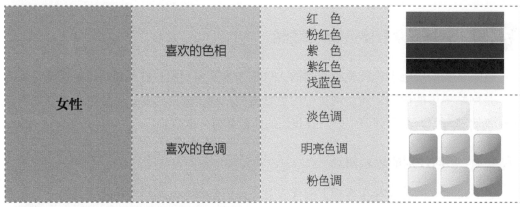

女性	喜欢的色相	红色 粉红色 紫色 紫红色 浅蓝色	
	喜欢的色调	淡色调 明亮色调 粉色调	

该女性化妆品宣传网站，使用纯度较低的粉红色作为网页的主色调，搭配同色系的洋红色和深红色，表现出女性的优美和知性，这样的色彩搭配非常容易唤起女性群体的情感共鸣。	高明度色彩能够给人柔和、舒适的印象。该女性饮品网站搭配使用高明度的浅粉红色与浅灰蓝色，使页面的表现温和、可爱，在页面中通过洋红色突出重点内容的表现。

7.4.2 不同年龄的色彩偏好

不同年龄段的人对颜色的喜好不同，比如老人通常偏爱灰色、棕色等，儿童通常喜爱红色、黄色等。

年龄层次	年龄	喜欢的颜色	
儿童	0~12 岁	红色、橙色、黄色等偏暖色系的纯色	
青少年	13~20 岁	以纯色为主，也会喜欢其他的亮色系或淡色	
青年	21~40 岁	红、蓝、绿等鲜艳的纯色	

续表

年龄层次	年龄	喜欢的颜色
中老年	41 岁以上	稳重、严肃的暗色系或暗灰色系、灰色系、冷色系	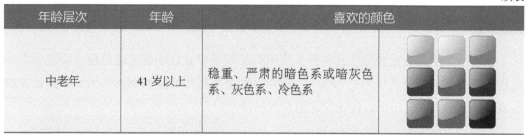

该儿童网站使用高饱和度的黄色作为主色调，给人留下明亮、欢乐的印象，搭配同属于暖色调的橙色，使页面的表现更加活泼、愉快，局部点缀少量蓝色，整体表现更加富有活力。

该移动通信活动宣传网站，使用明度和纯度较高的多种色彩进行搭配，表现出青少年的活跃、年轻和充满活力，特别容易引起青少年的情感共鸣。

该时尚购物网站主要面对青年人群，网站使用浅灰色作为页面背景主色调，浅灰色背景能够有效突出页面中商品图片的表现效果，在页面中局部搭配高饱和度的黄色和蓝色的色块图形，使页面的表现效果更加时尚。

该楼盘宣传网站，使用纯度接近于灰色的黄色作为主色调，搭配简单的文字和图形，使整个页面稳重、宁静，并且竖排的排版方式以及毛笔字体的应用与楼盘的风格相搭配，符合中老年人对传统文字的情感渴求。

技巧点拨

当然色彩的运用不是限定死的，并非说购买按钮一定要使用红色或橙色，而下载按钮一定要使用绿色。采用什么色彩风格需要认真了解设计需求，确定好网站的定位与给人的情感印象，如稳重、可信赖、活泼、简洁、科技感等，确定了网站的定位，就可以确定如何选择合适的色彩方向来设计。

7.5　根据商品销售阶段选择网页配色

色彩也是商品更重要的外部特征，决定产品在消费者心中是去还是留，而色彩为产品创造的高附加值的竞争力更为惊人。在产品同质化趋势日益加剧的今天，如何让你的品牌第一时间"跳"出来，快速锁定消费者的目光？

7.5.1　新产品上市期的网页配色

新商品刚刚推入市场，还没有被大多数消费者认识，消费者对新商品需要有接受的过程，如何才能够强化消费者对新商品的接受度呢？为了加强宣传的效果，增强消费者对新商品的记忆，在新商品宣传网站页面中，尽量使用色彩艳丽的单一色系色调，以不模糊商品诉求为重点。

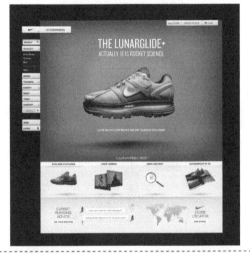
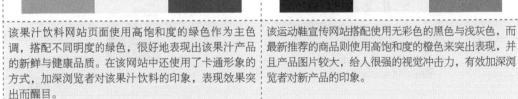
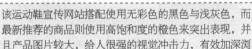

该果汁饮料网站页面使用高饱和度的绿色作为主色调，搭配不同明度的绿色，很好地表现出该果汁产品的新鲜与健康品质。在该网站中还使用了卡通形象的方式，加深浏览者对该果汁饮料的印象，表现效果突出而醒目。

该运动鞋宣传网站搭配使用无彩色的黑色与浅灰色，而最新推荐的商品则使用高饱和度的橙色来突出表现，并且产品图片较大，给人很强的视觉冲击力，有效加深浏览者对新产品的印象。

7.5.2　产品拓展期的网页配色

经过前期对产品的大力宣传，消费者已经对产品逐渐熟悉，产品也拥有了一定的消费群体。在这个阶段，不同品牌同质化的产品开始慢慢增多，无法避免地产生竞争，如何才能够在同质化的产品中脱颖而出呢？这时候产品宣传网页必须以比较鲜明、鲜艳的色彩作为设计的重点，使其与同质化的产品产生差异。

该剃须刀产品宣传网站，使用高纯度的蓝色作为网页主色调，给人清凉、爽快的感受，与高纯度的黄色和绿色搭配，网页色彩鲜明、对比强烈。

该茶饮料的活动宣传网站使用橙色作为网页的主色调，使人心情愉悦，与绿色搭配，表现出健康、充满活力的主题，使人心情开朗。

7.5.3　产品稳定销售期的网页配色

经过不断地进步和发展，产品在市场中已经占有一定的市场地位，消费者对该产品也十分了解了，并且该产品拥有一定数量的忠实消费者。在这个阶段，维护现有顾客对该产品的信赖就非常重要，此时在网站页面中使用的色彩，必须与产品理念相吻合，从而使消费者更了解产品理念，并感到安心。

在该柠檬茶饮料的宣传网站设计中，使用高饱和度的黄色作为页面背景主色调，表现出明亮、欢快、充满活力的氛围，在页面局部点缀少量的绿色和蓝色，使页面的表现更加生动。

在百事可乐系列饮料的网站页面中运用了其企业的标准色——蓝色作为页面的主色调，传达出与企业品牌形象一致的印象。蓝色是容易令人产生遐想的色彩，使人联想到大海、蓝天，给人舒适、清爽的感受。

7.5.4　产品衰退期的网页配色

市场是残酷的，大多数产品都会经历一个从兴盛到衰退的过程，随着其他产品的更新，更流行的产品出现，消费者对该产品不再有新鲜感，销售量也会出现下滑，此时产品就进入了衰退期。这时维持消费者对产品的新鲜感便是重点，这个阶段，网站页面使用的颜色必须是流行色或有新意义的独特色彩，将网站页面从色彩到结构进行整体更新，重新唤回消费者对产品的兴趣。

该比萨食品宣传网站一改以往使用橙色调为主的配色，使用深灰蓝色作为前景主色调，更加有效地突出比萨食品的美味与诱人，更好地唤起人们对该食品的欲望。

该餐饮网站页面搭配使用墨绿色与朱红色，在网页中形成柔和的对比效果，给人眼前一亮的感觉，重新唤起人们对产品的兴趣。

7.5.5 实战分析：设计酒类产品宣传网站页面

在本实例设计的酒类产品宣传网站页面中运用色彩明度的对比来突出产品，将产品图片放置在页面中心位置，并为产品图片制作镜面投影效果，突出产品的表现效果，使整个网站页面的视觉效果更加强烈，如图7-11所示。

图7-11

- 色彩分析

该酒类产品宣传网站页面整体以冷色调为基调，给人纯净、轻快的印象，透明感十足，深蓝色可以给人忧郁、理性和高雅的感觉，浅蓝色的融入，带给人明净、纯天然的感受，黄色象征着温暖与舒适，适量的点缀会使页面给人轻快、活力的感觉，如图7-12所示。

（主色调）　　　（辅助色）　　　（点缀色）　　　（文字颜色）

图 7-12

● 布局分析

　　本实例设计的酒类产品宣传网站页面采用满屏式布局，使用不同明度的蓝色在页面中垂直平分页面背景，突出页面视觉效果，使页面表现出静谧与深沉的感觉。在页面中间放置产品图片，并为产品图片制作倒影效果，使页面具有透明感和立体感，如图 7-13 所示。

同色系不
同明度的
色彩对比，
给人较强
的视觉冲
击力

为产品和素材图片制作投影效果，丰富页面的层次感，增强立体感

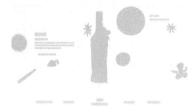

图 7-13

● 设计步骤解析

01. Photoshop 中新建文档，将页面尺寸设置为 1 600px×960px，如图 7-14 所示。绘制矩形色块，将页面从中间位置进行纵向分割，形成背景的明暗对比效果，如图 7-15 所示。

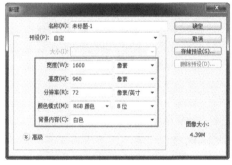

图 7-14

图 7-15

02. 只有纯色的背景，会使页面的表现效果过于简单，视觉效果不强，可以在背景中使用"画笔工具"绘制光影效果，使背景更富有层次感，如图 7-16 所示。

03. 将抠取好的产品图片拖入页面中，并放置在页面的视觉中心位置，为该产品图片制作出镜面投影效果，使页面的表现效果更加透明、轻快，如图 7-17 所示。

图 7-16

图 7-17

04. 在产品图片的周围添加该酒类产品的各种原料素材作为装饰，并对部分素材图像进行模糊和镜面投影效果处理，使页面的空间感更加强烈，如图 7-18 所示。

05. 在页面中产品图片的左右两侧分别放置相应的介绍说明内容，在浅蓝色的背景上使用深蓝色的文字，在深蓝色的背景上使用白色文字，使文字内容简洁、清晰、易读，如图 7-19 所示。

图 7-18　　　　　　　　　　　　　　图 7-19

06. 因为该网站的信息内容较少，重点在于突出表现产品形象，所以将网站的导航菜单放置在页面的底部，并通过白色的背景色块来衬托，各导航菜单文字分别使用了不同的颜色，增强页面的活力，效果如图 7-20 所示。

图 7-20

7.6　如何打造成功的网页配色

配色要遵循色彩的基本原理，只有符合一定规律的色彩才能够打动人心，给人留下深刻印象。色彩的属性包括色相、明度和纯度。调整色彩的属性，整体的配色效果会发生改变，其中包含的因素将直接影响到网页的整体配色效果。

7.6.1　遵循色彩的基本原理

不同类型的网页制作在色彩的选择上应考虑浏览者的年龄和性别差异，从色彩的基本原理出发，进行有针对性的色彩搭配。当色彩的选择与浏览者的感觉一致时，就会增强认同感，提高网站的访问量；当色彩产生的感受与浏览者的心境不一样时，就会发生隔膜，甚至是厌恶，网站就会变得不受欢迎。

除此之外，色彩的面积比例和色彩的数量等因素也对配色有重要影响。

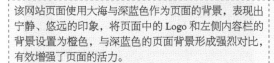

该网站页面使用大海与深蓝色作为页面的背景，表现出
宁静、悠远的印象，将页面中的 Logo 和左侧内容栏的
背景设置为橙色，与深蓝色的页面背景形成强烈对比，
有效增强了页面的活力。

高饱和度的红色给人热情、欢乐的印象，该啤酒产品宣
传网站使用高饱和度的红色作为主色调，搭配同样高饱
和度的黄橙色，使整个页面表现出热情与欢乐的印象。

7.6.2　考虑网页的特点

浏览者在浏览网站页面时，单一的网页色调会使浏览者感到单调乏味，过多的网页
配色也会使网页太过繁复和花哨，所以在给网页配色时，应考虑网页的以下特点。

（1）配色应尽量控制在 3~4 种色彩以内。

（2）网页背景与网页中的内容文字对比性应增强，重点是要突出网页中的文字内容，
尽量不要使用花纹繁复的图案作为背景。

该餐饮类网站页面使用中等纯度的橙色作为主色调，在
页面中搭配浅灰色背景，给人温馨、舒适的印象。局部
搭配高饱和度的橙色，有效突出重点信息内容，也使页
面的表现更具有活力。

该网站页面使用明度较低的深棕色作为主色调，表现出
稳重、踏实的印象，在页面中搭配高明度的蓝色和白色
文字，表现效果清晰而突出，在局部点缀少量高饱和度
黄色，使页面表现不会过于死板。

7.6.3 灵活应用配色技巧

为网站页面配色时，使用的颜色最好不要超过 4 种，使用过多的颜色会使页面繁复，让人觉得没有侧重点，网页必须确定一种或两种主题色，在选择其他辅助色时，需要考虑其他配色与主题色的关系，这样才能使网页的色彩搭配更加和谐、美观。

确定一种网页主色调，调整其明度和饱和度，产生不同的新的色彩，使用在网页的不同位置，这样可以使页面色彩统一，又具有层次感。相近色可以理解为在感官上颜色比较接近的色彩。

该饮料宣传网站页面使用高饱和度的绿色作为主色调，表现出产品的新鲜与健康，搭配不同明度和饱和度的绿色，使页面的色调统一、和谐，传达出产品清爽、新鲜、欢乐的印象。

该珠宝首饰网站页面同样搭配了同色系色彩，使用高饱和度的蓝色作为页面主色调，体现出产品的纯净与天然，通过不同明度和饱和度的蓝色划分网页中的不同区域，整体色调统一、自然。

还可以在确定一种网页的主色调之后，选择该主色调的对比色调，用于在网页中与主色调对比搭配，形成视觉上的差异，丰富整个页面色彩。另外，黑、白、灰 3 种色彩可以和任何一种颜色搭配，且不会让人感到突兀，能使画面和谐。

该汽车宣传网站使用高饱和度的蓝色与红色的对比突出该汽车产品的两种类型，给人很强的视觉冲击力，背景使用浅灰色进行调和，整个画面让人感觉和谐。

该网站页面使用白色和浅灰色作为页面的背景主色调，整个页面显得非常纯净、素雅，在局部搭配洋红色和紫色，体现出女性的柔美，整体给人感觉非常纯净、柔美。

7.6.4　避免配色混乱

为网站页面配色时，需要考虑增加色相的种类来使页面充满活力，但也需要注意，在网页配色中增加色相的种类容易引起画面繁杂。

本意是希望通过不同色相的背景色来区别页面中的不同内容，但是并没有处理好多种色相的搭配，使页面显得比较混乱。

使用同色系色彩进行搭配，通过对色彩明度和纯度的变化，表现出色彩差异，使网站页面整体统一、协调。

在为网站页面配色的过程中，色相过多会导致页面的活力过大，有时会破坏页面的配色效果，呈现混乱的局面。可以将色相、明度和纯度的差异缩小，彼此靠近，避免出现混乱的配色效果（见图 7-21）。在沉闷的配色环境下增添配色的活力，在繁杂的环境下使用统一、相近的配色，是配色的两个主要方向。

搭配使用过多高饱和度的色相，容易导致混乱，给人杂乱、喧闹的印象。

首先确定一种主色调，随后根据主色调的色相，减弱可以收敛的辅助色，使辅助色不至于喧宾夺主。

图 7-21

网站页面的颜色都有主色和辅助色之分，减弱可以收敛的辅色，留下要突出的主色，这样网页的主题就会鲜明起来，使辅助色不至于在混杂的配色情况下喧宾夺主。

该饮料产品宣传网站使用了橙色作为主色调，背景颜色为饱和度较低、明度较高的浅橙色，有效突出了页面中高饱和度橙色的主题内容表现，整个页面色调统一，但又有效突出重点。

该运动品牌网站页面使用蓝色作为主色调，页面背景颜色为明度较高的浅蓝色，搭配页面中高饱和度的蓝色几何形状图形，表现出很强的运动感，在页面中还辅助搭配了橙色和洋红色，使页面更加时尚。

7.6.5　实战分析：设计产品宣传网站页面

在网站页面设计中应用强烈的对比可以给人留下深刻的印象，在本案例的产品宣传网页中，运用左右两侧倾斜的色块进行对比，形成位置和色彩上的双重对比效果，将导航菜单也设计为倾斜的效果，页面的整体风格统一，如图 7-22 所示。

图 7-22

- **色彩分析**

在本案例设计的产品宣传网页中，使用纯度较高的洋红色与蓝色进行对比搭配，给人很强的视觉冲击力，中间使用浅灰色进行调和，使页面看起来富有动感，对比色彩的面积、大小相对平均，整个网页给人均衡感，而鲜艳的对比颜色又让人觉得活泼和动感，如图 7-23 所示。

（主色调）　　　　（辅助色）　　　　（点缀色）　　　　（文字颜色）

图 7-23

- **布局分析**

该产品宣传网站页面采用满屏式布局，页面中充分运用几何形状的图形，使网站页面的表现效果更加现代和具有动感。网站页面运用倾斜对比的构图方式，使页面产生很强的动感效果，既简单，又不失活泼个性，如图 7-24 所示。

在网站页面中运用鲜艳的色彩对比，使页面表现更加活泼，倾斜的构图给人带来强烈的动感。

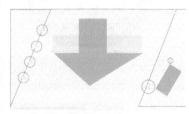

图 7-24

● 设计步骤解析

01. 在 Photoshop 中新建文档，将页面尺寸设置为 1 400px × 780px，如图 7-25 所示。拖入浅灰色背景素材图片，分别在页面左侧和右侧绘制两个三角形，形成背景的对比效果，如图 7-26 所示。

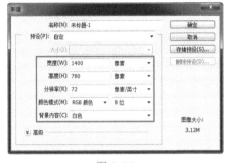

图 7-25　　　　　　　　　　　　　　　　图 7-26

02. 在两个三角形色块的适当位置使用"画笔工具"涂抹，并添加素材图像，使背景色块的表现效果更加丰富，如图 7-27 所示。沿倾斜的分割位置使用正圆形来表现页面的导航菜单，表现效果突出，如图 7-28 所示。

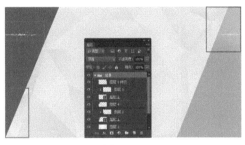

图 7-27　　　　　　　　　　　　　　　　图 7-28

03. 在页面的中间位置绘制呈对比效果的几何形状色块，并拖入产品图片，有效突出产品的表现效果，如图 7-29 所示。在页面中添加各种几何形状图形作为装饰，衬托产品，表现出页面的现代感与动感效果，如图 7-30 所示。

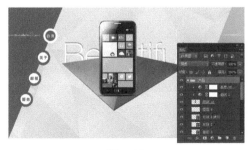

图 7-29　　　　　　　　　　　　　　　　图 7-30

04. 在页面中添加其他文字和图形，完成该产品宣传网站页面的设计，最终效果如图 7-31 所示。

图 7-31

在网站设计中经常能够看到华丽、色彩强烈的设计。设计师都希望能够摆脱各种限制，表现出华丽的色彩搭配效果。但是，想要把几种色彩搭配得非常华丽没有想象的简单。想要在数万种色彩中挑选出合适的色彩，就需要设计师具备出色的色彩感。

第 **8** 章

网页配色的方法

基于色相进行配色

根据色相设计策划网站配色方案时，获得的效果会比较鲜艳、华丽。许多服装设计采用的都是典型的基于色相的配色方案，这种配色方案在个性比较鲜明的网站上应用较为广泛。

8.1.1 基于色相的配色关系

图 8-1 所示的为色相环中以红色为基准的配色方案分析。采用不同色调的同一色相时，称为同一色相配色；采用邻近颜色配色时，称为类似色配色。

类似色相是指在色相环中相邻的两种色相。同一色相配色与类似色相配色在总体上给人统一、协调、安静的感觉。就好比在鲜红色旁边使用暗红色时，会给人协调、整齐的感觉。

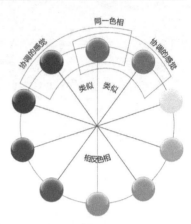

在色相环中位于红色对面的蓝绿色是红色的补色，补色就是完全相反的颜色。在以红色为基准的色相环中，蓝紫色到黄绿色范围之间的颜色为红色的相

图 8-1

反色调。相反色相的配色是指搭配使用色相环中相距较远颜色的配色方案，这与同一色相配色或类似色相配色相比更富有变化。

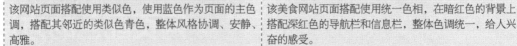

该网站页面搭配使用类似色，使用蓝色作为页面的主色调，搭配其邻近的类似色青色，整体风格协调、安静、高雅。

该美食网站页面搭配使用统一色相，在暗红色的背景上搭配深红色的导航栏和信息栏，整体色调统一，给人兴奋的感受。

专家提示

利用色相进行配色可以营造出整齐的氛围，或可以突出各种颜色需要传达的直接印象。适当搭配一些辅助色可以突出显示颜色并给人轻快的感觉，适当搭配类似色相可以获得整齐宁静的效果。

8.1.2　相反色相、类似色调配色

这种配色方法是采用相反色相和类似色调进行配色，虽然使用了相反的色相，但使用类似的色调可以得到特殊的配色效果。而影响这种配色方案效果的最重要因素在于使用的色调。当搭配使用对比度较高的鲜明色调时，将会得到较强的动态效果；当使用对比度较低的黑暗色调时，不同的色相组合在一起会突显安静沉重的效果。

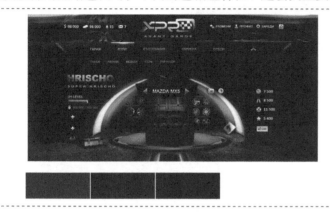

该游戏网站页面搭配使用了形成对比的相反色相，背景中的蓝色与红色形成鲜明的对比，但由于这两种色相都采用了明度较低的昏暗色调，所以整个页面看起来对比效果并不是特别强烈，给人整体协调、平衡的印象。

主颜色是指网页中的主要颜色，起到显示站点整体内容和风格的重要作用。

辅助颜色是指辅助主颜色的次要颜色，用于协助主颜色营造整体气氛。

突出颜色是在网页中用于突出、强调显示的内容区域颜色，主要用于面积较小的按钮、标签等对象。

主颜色	辅助颜色	突出颜色

主颜色	辅助颜色	突出颜色

该动物保护宣传网站的主页采用了明度较高的蓝色作为背景，给人温暖、清澈的感觉，并在主色调的基础上使用了洋红色、白色等作为辅助色，整体给人轻柔、愉快、温暖的印象。在二级页面中，洋红色成为页面的主色调，使用了首页中的蓝色作为辅助色。整个站点都使用了统一的白色文字。不同页面的背景颜色体现了网站的特色与风格，相同色调的颜色过渡与延续使得网站的风格自然且统一，在使用多种色彩的同时，没有失去网站的整体风格。

8.1.3　相反色相、相反色调配色

相反色相和相反色调的配色因为使用了不同的色相和色调，所以得到的效果具有强烈的变化感、巨大的反差性以及鲜明的对比性。与相同色调、相反色相方案能够营造整

齐氛围不同的是，相反色相、相反色调的配色方案要表现的是强弱分明的氛围。网页配色时，这种配色方案的效果取决于所选颜色在整体画面中所占的比例。

该运动品牌宣传网站使用了相反色相和相反色调的配色方案，页面背景使用了明度很低的深蓝色，给人稳重、深沉、踏实的印象，在页面中搭配蓝色的相反色相黄色，并且是明度和饱和度都较高的明亮黄色，从而与深蓝色的背景形成非常强烈的对比效果，有效突出页面中图形和相关选项的表现效果，也为整个画面增添了活力。

| 主颜色 | 辅助颜色 | 突出颜色 | 主颜色 | 辅助颜色 | 突出颜色 |

该运动网站首页背景虽然色彩较多，但笼罩了一层偏暗的灰色调，给人理性、安全的印象。对比显示的高明度红色文字给页面带来活跃的气息，也有效突出了主题的表现。二级页面的背景颜色使用了明度较低的深蓝色，文字则使用了明度最高的白色，给人产生冷静的印象，也使页面中的文字内容更加清晰、易读。

8.1.4 渐变配色

渐变配色注重颜色的排列，按照一定规律逐渐变化的颜色，会给人较强韵律的感受，并且能够表现出绚丽感。

该设计网站以红色作为主色调，与红色相邻的多种颜色相结合，形成渐变的配色效果，给浏览者热情、奔放的印象，由于渐变色彩与纯白色区域划分明显，整体风格简洁、大气。

该网站页面搭配使用了多种不同明度和饱和度的渐变色彩，表现出艳丽、多彩的感觉，并且各种渐变色彩图形都是按曲线状分布的，整体给人很强的流动感，让人感觉新鲜、富有活力。

8.1.5　无彩色和彩色

利用无彩色和彩色进行网页配色可以营造不同风格的效果。无彩色主要由白色、黑色以及它们中间的过渡色灰色构成，由于色彩印象的特殊性，在与彩色颜色搭配使用时，它们可以很好地突出彩色效果。搭配使用高亮度的彩色、白色以及亮灰色，可以得到明亮轻快的效果。而低亮度彩色以及暗灰色，可以呈现黑暗沉重的效果。

该知名汽车品牌的宣传网站使用了无彩色的黑色作为页面背景主色调，使整个页面给人高档、尊贵的感觉，页面中的产品图片则采用高饱和度的明亮黄色，与背景的黑色形成非常强烈的对比，产品色彩非常鲜亮，有效突出产品的表现，在汽车产品周围搭配一些模糊的亮色光线图形，使页面表现出动感。

主颜色　　辅助颜色　　突出颜色

主颜色　　辅助颜色　　突出颜色

纯白色是最常使用的网页背景主色调，白色能够与任何颜色搭配，并且能够有效突出其他颜色的表现效果。在该网站页面中使用白色作为背景主色调，有效突出页面中模特的表现效果，主题明确、清晰。

灰色通常给人压抑、沉闷的印象，同时灰色也能够表现出科技与时尚感。在该网站页面中使用无彩色的灰色与蓝色垂直平分整个网站页面，对比的色彩搭配给人很强的视觉冲击力，使整个页面表现出很强的时尚感和现代感。

8.2　基于色调进行配色

基于色调为网站页面配色的方法着重在于色调的变化，它主要通过对同色相或邻近色相设置不同的色调得到不同的颜色效果。

8.2.1　基于色调的配色关系

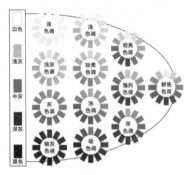

图 8-2

基于色调的网站页面配色可以给人统一、协调的感觉，避免过多应用色彩给网页造成繁杂、喧闹的印象。这种配色方案可以控制一种颜色的明暗程度，制造出对比鲜明、冷静、理性、温和的效果，如图 8-2 所示。

同一色调配色是指选择同一色调的不同色相颜色，例如，使用鲜艳的红色和鲜艳的黄色的配色方案。

类似色调配色是指使用如清澈、灰亮等类似基准色调的配色方案，这些色调在色调表中比较靠近基准色调。

相反色调配色是指使用如深暗、黑暗等与基准色调相反色调的配色方案，这些色调在色调表中远离基准色调。

该网站页面使用明亮的蓝色与白色作为背景主色调，在页面中搭配多种不同色相的明亮色调，有效划分了页面中不同的内容，虽然色相不同，但都为明亮的色调，页面整体给人清爽、活跃的印象。

该食品宣传网站使用无彩色与有彩色进行对比配色的方法，色调从网页中心向四周不断变暗，突出了网页中心的内容，色相之间的对比给人非常鲜明的印象，整体让人感觉活跃、兴奋、主题清晰。

8.2.2　同一色相或类似色相、类似色调配色

在网站页面中使用同一色相或类似色相，同时使用类似色调进行配色，可以产生冷静、理性、整齐、简洁的效果，但选择极为鲜艳的色相，将会给人强烈的视觉变化，给人留下尊贵、华丽的印象。总的来说，使用类似色相和类似色调为网页配色可以给人冷静、整齐的感觉，类似的色相能够表现出画面的细微变化。

| 该企业网站页面搭配使用邻近的类似色相，高饱和度的橙色相邻的黄橙色搭配，给人富有激情的印象，类似色调搭配使整个页面协调、统一。 | 该旅游度假网站页面使用中等饱和度的绿色作为主色调，给人宁静、舒适的印象。在页面中搭配相邻的色相，并且其他色相也采用了中等饱和度的浊色调，页面整体的色调表现平和、宁静。 |

| 主颜色　　　辅助颜色　　　突出颜色 | 主颜色　　　辅助颜色　　　突出颜色 |

该网站页面的背景由绿色、黄绿色和蓝色组成，这 3 种色彩的色调相近，给人清新、自然、舒适的印象，在整体色调上比较鲜明。网站的二级页面搭配使用了相同的色调，使网站具有统一性，整体给人整洁、清爽、洁净的印象。

8.2.3　同一色相或类似色相、相反色调配色

这种配色方法主要是使用同一色相式类似的色相，但不同的色调进行配色，它的效果就是在保持页面整齐、统一的同时，很好地突出页面的局部效果。

类似色相、类似色调的配色可以获得冷静、整齐、细微不同的感觉。类似色相、相反色调的配色可以获得统一、突出的效果，配色时色调差异越大，效果就越突出。

该网站页面使用蓝色作为页面主色调，表现出深邃、宁静感觉，搭配同色系的浅蓝色，有效突出页面中的重点信息，深色调与浅色调对比，使页面整体和谐统一，而局部又能在页面中凸显出来。

| 主颜色 | 辅助颜色 | 突出颜色 | | 主颜色 | 辅助颜色 | 突出颜色 |

该设计网站的主色调为青绿色，通过搭配不同色调的青绿色，有效区分页面中不同的内容区域。网站的二级页面使用了红色作为主色调，并使用浅色调的红色来模拟灯光的效果。整个页面运用同一色相，不同色调的配色，给人统一而又不单调的效果。

8.3　色彩感觉在网页配色中的应用

色彩有各种各样的视觉效果和心理感受，可以营造出不同的环境氛围，如轻重、冷暖、软硬等。每种颜色给人的感受是不同的，想要很好地掌握和表现这些颜色的不同是件很困难的事情。

8.3.1　冷暖感

色彩本身并无冷暖的温度差别，色彩的冷暖感是指色彩在视觉上引起人们对冷暖感觉的心理联想。红、橙、橙黄、红紫等颜色会使人联想到太阳、火焰、热血等物象，产生温暖、热烈的感觉；蓝、蓝紫、蓝绿等颜色很容易使人联想到太空、冰雪、海洋等物象，产生寒冷、理智、平静的感觉。

该网站页面整体搭配使用暖色调，使用红色作为页面的背景主色调，配黄橙色，给人温暖、积极的感觉，整个页面传递出亲近、温馨的印象。

如果将该网站页面调整为搭配冷色调，使用青色作为页面的背景主色调，与蓝色搭配，则整个页面给人冷静、理智的印象。

该餐厅宣传网站使用黄橙色作为页面的主色调，给人充满阳光、温馨、舒适的感觉，导航菜单搭配了棕色，使页面充满了食欲。

该旅游度假网站使用海洋作为背景图像，深蓝色的海洋给人清凉、舒爽的感觉，在页面中搭配绿色，表现出清爽、自然的印象。

　　绿色和紫色是中性色彩，刺激小，效果介于红色和蓝色之间。中性色彩使人产生休憩、轻松的情绪，可以缓解压力，消除疲劳感。

該飲料產品宣傳網站使用綠色作為頁面主色調，給人帶來清新、自然的感覺，搭配黃色的檸檬圖像，使頁面充滿活力。

因為該飲料產品的消費群體主要是年輕女性，所以頁面採用了與產品包裝相同的配色，使用紫色作為該頁面的主色調，通過不同飽和度的紫色劃分頁面中的不同內容區域，給人柔美、健康的印象。

专家提示

色彩的冷暖感觉，不仅表现在固定的色相上，而且在比较中还会显示其相对的倾向性。例如，同样表现天空的霞光，用玫红色来表现早霞那种清新、偏冷的色彩，感觉很恰当，而表现晚霞则需要暖感强的红色和橙色。

8.3.2 轻重感

各种色彩给人的轻重感觉是不同的，从色彩得到的重量感，是质感与色感的复合感觉。浅色密度小，有一种向外扩散的运动现象，给人质量轻的感觉。深色密度大，给人一种内聚感，从而产生分量重的感觉。

该啤酒产品的宣传网站使用了明度很高的浅蓝色作为主色调，色彩感较轻，使人产生悬浮于空气中的感觉，让人心情愉悦、舒适。

如果将该网站的色彩调整为用明度较低的深蓝色作为主色调，色彩感较暗，导致整个页面过于灰暗，给人压抑、沉重的心理印象。

色彩的明度能够体现色彩的轻重感。明度高的色彩使人联想到蓝天、白云、彩霞、花卉、棉花、羊毛等，产生轻柔、飘浮、上升、敏捷、灵活的感觉。明度低的色彩易使人联想到钢铁、大理石等物品，产生沉重、稳定、降落的感觉。

该儿童产品宣传网站使用明亮的蓝天、白云素材作为页面的背景，让人有飘浮上升的感觉，在页面中搭配白色的图形，整体给人感觉轻盈、明亮。

该手表品牌宣传网站使用明度非常低的深灰色与棕色作为页面背景，有效突出手表产品的表现效果，体现出产品很强的金属质感。

8.3.3　软硬感

明度和饱和度决定色彩的软硬，高饱和度色彩和低饱和度的色彩都呈现了硬感，只不过明度低的硬感更明显。色相与色彩的软硬感几乎无关。明度越高，感觉越软，明度越低，则感觉越硬，但白色反而柔软感略显不足。明度高、饱和度低的色彩有柔软感，中饱和度的色彩也呈柔软感。

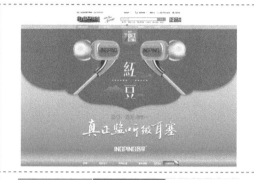

该耳机产品宣传网站使用明度低、饱和度高的深灰色与红色搭配，有效突出产品部分的表现效果，并且页面内容区域的划分明确，给人硬朗、直观的视觉印象。	如果将页面中色调的明度提高，则页面的视觉表现效果更加柔和，但是视觉表现效果不够强烈，无法给浏览者带来视觉冲击力。

该家纺产品的网站页面使用明度很高的浅粉色作为主色调，使整个页面表现出柔软、舒适、浪漫的感觉，在页面中的局部位置点缀不同明度的同色系和邻近色，使页面的色调统一，给人美好、温馨的感受。	该游戏网站页面宣传的是一款大型射击类游戏，页面使用黑色和深灰色作为页面背景主色调，与游戏要体现的激烈战争场景和硬汉形象吻合。在页面中通过逼真的人物与战争场景设置，配合视频、音效等多媒体元素，使浏览者有身临其境的感觉。

8.3.4　前后感

各种不同波长的色彩在人眼视网膜上的成像有前后，红色、橙色等光波长的颜色在视网膜之后成像，感觉比较迫近，蓝色、紫色等光波短的颜色则在视网膜之前成像，在同样距离内感觉比较后退。实际上这是一种视觉错觉。

该果汁饮料宣传网站页面使用浅灰色与蓝色作为页面的背景主色调，背景呈现冷色调的印象，给人清凉与后退感，对比的配色有效突出橙色的果汁饮品，页面整体给人感觉清爽而醒目。

将该果汁宣传网站的背景颜色改为浅灰色与红色搭配，背景呈现暖色调的印象，给人热情与迫近感，并且红色背景部分内容表现更加突显，与橙色的果汁饮品共同构成暖色系页面，表现出热情、活跃、奔放的感觉。

　　在相同的距离看两种颜色，会产生不同的远近感。实际上这是一种错觉，一般暖色、纯色、高明度色、强烈对比色、大面积色、集中色等有前进的感觉；相反，冷色、浊色、低明度色、弱对比色、小面积色、分散色等有后退的感觉。

该汽车宣传网站页面使用接近黑色的暗色调场景作为页面的背景，营造出酷炫的场景，在汽车产品的处理上，将汽车产品切割为两种色彩进行表现，冷色调的蓝色与暖色调的黄色相结合，使汽车更加具有前进感，并且对比的效果更加突出。

该牛奶产品宣传网站页面使用高饱和度的蓝色作为页面背景主色调，给人清爽、洁净的印象，并且冷色调的蓝色具有后退感，更加能衬托页面中红色草莓图像的表现效果，使页面看起来具有视觉空间感。

8.3.5　大小感

　　色彩的前后感使暖色、高明度色等呈现扩大、膨胀感；冷色、低明度色等呈现显小、收缩感。

该商业地产宣传网站页面使用该商业地产的效果图作为页面的背景，搭配高明度、高饱和度的橙色色块，突出主题内容，橙色色块与背景的深蓝色形成强烈对比，呈现出膨胀感，效果突出。

如果将该网站页面的主题文字背景修改为明度较低的深蓝色，与页面背景的商业地产效果图进行同色系搭配，页面整体的色调统一、协调，但低明度的深蓝色背景使该部分显小，主题表现不够突出、明显。

该网站页面使用高饱和度的橙色作为主色调，对橙色的明度和饱和度的变化进行配色，使页面产生向外扩散、膨胀的感觉，表现出动感十足的印象。

该网站页面使用明度较低的深蓝紫色作为页面主色调，配合页面中图形的透视处理，使页面表现出向内收缩的空间感，使浏览者的目光聚焦于页面的主体内容上，给人优雅的印象。

8.3.6　华丽感与朴实感

色彩的属性从一定程度上影响色彩的华丽及质朴感，其中与饱和度关系最大。明度、饱和度高，丰富、强对比的色彩感觉华丽、辉煌；明度低、饱和度低，单纯、弱对比的色彩感觉质朴、典雅。

该网站页面使用高饱和度的蓝色作为页面背景主色调，在主体图形中搭配多种高饱和度的暖色调图形，使整个页面表现出时尚与华丽的印象，也能够有效突出网站主题。

如果将该网站页面的背景颜色处理为明度较高的低饱和度浅蓝色，则能够给人质朴、高远的印象，页面中的主体图形采用了同色系的深蓝色表现，整体色调统一，表现出朴实、典雅的感觉。

该时尚商品宣传网站页面使用高饱和度的黄色作为页面主色调，与商品本身的色彩相呼应，洋红色的文字又能够与商品上的装饰图案相呼应，高饱和度的色彩给人时尚与华丽的感觉。

该旅游宣传网站页面使用了高明度、低饱和度的灰黄色作为页面的主色调，给人质朴而平静的印象，搭配墨色的水墨风格素材，使网站页面的表现更加复古与朴实。

8.3.7 宁静感与兴奋感

色相和饱和度在决定色彩的宁静感与兴奋感中起关键作用。低饱和度的蓝、蓝绿、蓝紫等色彩使人感到沉着、平静；高饱和度的红、橙、黄等鲜艳、明亮的色彩给人兴奋感；中性色没有这种感觉。明度只是在一定程度上影响颜色的宁静感与兴奋感。

该食品网站搭配使用了高饱和度的红色、黄色和橙色，鲜艳、明亮的色彩会让人产生兴奋感，增强食欲。

如果将该食品网站的背景色修改为高饱和度的蓝色，则会很明显减少浏览者的兴奋感，从而影响人们的食欲。

该楼盘宣传网站使用深蓝色与青色搭配,使整个页面表现出沉寂、浓郁的感觉,在页面中加入白色的过渡,使整个页面表现得更加空旷、宁静、舒适。

该游戏网站页面使用浅灰色作为页面背景,有效突出了页面中高饱和度红色区域的表现效果,给人富有激情与兴奋的感觉,倾斜的构图方式能够使页面表现出很强的动感。

8.3.8 活力感与庄重感

暖色调、高饱和度色彩、丰富多彩的颜色、强对比颜色会给人跳跃、朝气蓬勃的感觉;冷色调、低饱和度色彩、低明度的颜色会给人沉稳、庄严肃穆的印象。

该网站页面色彩以冷色调搭配为主,通过控制色彩明暗度的对比来呈现不同的内容区域,整体给人清澈、凉爽的感觉。

如果该网站页面以高纯度的暖色作为主色背景,则与内容之间的冷色调蓝色形成强烈对比,给人潮流、动力、活泼的感觉。

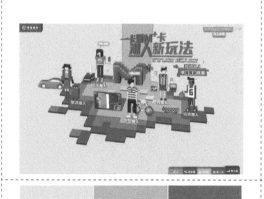

在该针对年轻人的产品宣传网站中,运用了多种高饱和度的色彩搭配,形成强烈的色彩对比与碰撞,使整个页面充满活力,并且页面采用了像素画的方式来呈现相应的图形,极富个性和潮流气息。

该建筑相关的网站页面使用明度和饱和度都较低的深蓝色作为页面的背景,给人庄重、严肃的感觉,这也与网站所要传达的安全、专业、科技等企业理念相吻合。

8.3.9 实战分析:设计计算机产品促销广告页面

产品促销页面的设计重点在于根据促销的主题和产品类型,使用合适的表现形式来突出产品的表现。本实例设计的计算机产品促销广告页面，使用色块的倾斜分割搭配比较随意的产品图片摆放，使页面表现出随性感和现代感，如图8-3所示。

● 色彩分析

蓝色能够给人带来科技感，该计算机产品促销广告页面使用高饱和度的蓝色作为页面主色调，搭配浅黄色，通过两种颜色的对比分割页面的背景，显得层次清晰。蓝色与浅黄色

图 8-3

的搭配也能形成色相与明度的对比，在页面中还点缀了其他高饱和度的色彩，使页面表现出现代感与时尚感。在页面中搭配白色的文字，整个页面给人干净、整洁的印象，如图8-4所示。

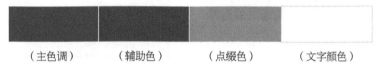

（主色调）　　　（辅助色）　　　（点缀色）　　　（文字颜色）

图 8-4

● 布局分析

该计算机产品促销广告页面并不是很复杂，采用了扁平化长页面的设计风格，重点是通过绘制背景色块分割网页背景，使页面具有较强的动态感和现代感，搭配变形处理的广告文字和产品图片，页面内容简洁，突出产品的表现，如图8-5所示。

大号变形字体，明确表现页面主题

多种不同颜色的菱形色块突出表现推广产品的相关配置，使页面表现出现代与时尚感。

不规则的内容排版方式，使页面的表现更加活跃而富有特点。

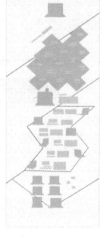

色块背景的倾斜分割，以及页面内容沿倾斜分割排列，这些都能使页面富有动感和现代感。

图 8-5

● 设计步骤解析

01. 将页面尺寸设置为 1 920px × 5 028px，页面宽度比较宽，主要是为了使用大分辨率的屏幕浏览时也能够使页面的背景页面完整，页面的高度较高，在设计过程中还可以根据实际内容的多少调整，如图 8-6 所示。

02. 使用矩形和其他的矢量绘图工具，在画布中绘制相应的形状图形，并进行旋转操作，通过倾斜的形状图形构成页面的背景，通过页面背景表现出动感，如图 8-7 所示。

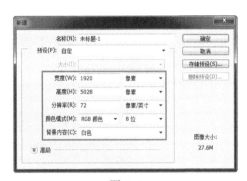

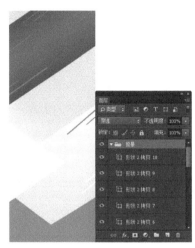

图 8-6　　　　　　　　　　　　　　　　　　　图 8-7

03. 在页面顶部添加促销主题文字，并对主题文字进行适当的变形处理，从而突出主题文字的表现，如图 8-8 所示。拖入最新推荐的计算机产品图片，并添加相应的文字介绍内容，放置在页面顶部，作为推荐商品展示，如图 8-9 所示。

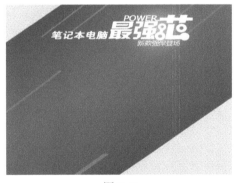

图 8-8　　　　　　　　　　　　　　　　　　　图 8-9

04. 绘制多个不同颜色的菱形进行拼接处理，在每个菱形色块中放置该推荐产品的相关配置信息内容，表现形式非常独特，并且能够有效增强页面的现代感与活力，如图 8-10 所示。

05. 绘制倾斜的四边形蓝色背景色块，在每一个色块中放置一款产品的相关介绍，通过这样的形式有效丰富页面的表现效果，并且与主要推荐商品相区别，如图 8-11 所示。

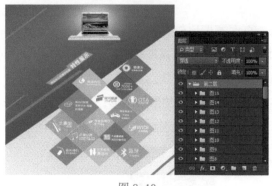

图 8-10 　　　　　　　　　　　　　　　　　　　图 8-11

06. 拖入相应的产品图片并添加产品介绍文字内容，对产品图片与介绍文字进行图文混排，注意通过设置文字的大小、粗细，有效突出每款产品的特点，如图 8-12 所示。最后在页面底部放置其他的产品图片，最终效果如图 8-13 所示。

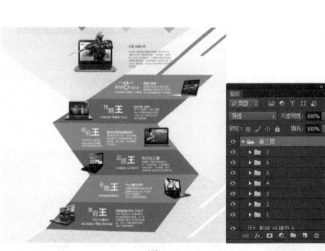

图 8-12 　　　　　　　　　　　　　　　　　　　图 8-13

8.4　色彩对比的配色

　　应用对比原理搭配网页色彩是非常重要的配色方法，通过对比配色能够有效突出页面的主题，对浏览者的视觉产生刺激，是一种提升网页视觉表现效果非常有效的方式。

8.4.1　冷暖对比

　　利用冷暖差别形成的色彩对比称为冷暖对比。在色相环上把红、橙、黄称为暖色，把橙色称为暖极；把绿、青、蓝称为冷色，把天蓝色称为冷极。在色相环上，利用对应和相邻近的坐标轴可以清楚地区分出冷暖两组色彩，即红、橙、黄为暖色，蓝紫、蓝、蓝绿为冷色。还可以看到红紫、黄绿为中性微暖色,紫、绿为中性微冷色,如图 8-14 所示。

色彩冷暖对比的程度分为强对比和极强对比,强对比是指暖极对应的颜色与冷色区域的颜色进行对比,冷极对应的颜色与暖色区域的颜色进行对比;极强对比是指暖极与冷极的对比。

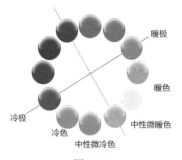

图 8-14

该网站页面使用了强对比的配色,橙色与橙色的对比让整个页面层次分明,色彩对比的艳丽程度不是很强,偏温和。

该网站页面使用了极强对比的配色,蓝色的页面背景主色调表现出科技感,主题文字部则采用了高饱和度橙色与蓝色搭配的方式,使主题的对比非常强烈,给人很强的视觉刺激。

暖色与中性微冷色、冷色与中性微暖色的对比程度比较适中,暖色与暖极色、冷色与冷极色的对比程度较弱。

该网站采用了中度色彩对比的配色,黄色与中性微冷色绿色的对比给人清新、生机勃勃的感觉,对比程度适中,刺激性较小。

该网站页面采用了弱对比的配色,该网站页面使用青色作为主色调,通过矩形图片与色块内容相结合的方式来表现页面内容,搭配黄色的垂直导航菜单,页面的视觉效果突出,整体给人清新、自然的印象。

专家提示

冷暖原本是人的皮肤对外界温度高低的感觉。色彩的冷暖感觉是物理、生理、心理及色彩本身等综合因素决定的。太阳、火焰等本身温度很高，它们反射出来的红橙色光有导势的功能。大海、蓝天、远山、雪地等环境，是反射蓝色光最多的地方，这些地方总是冷的。因此在条件反射下，一看见红橙色光都会感到温暖，一看到蓝色，就会产生冷的感觉。

在重量上，暖色偏重，冷色偏轻。在湿度感上，暖色干燥，冷色湿润。色彩的冷暖受明度、纯度的影响，暖色加白变冷；冷色加白变暖。另一方面，纯度越高，冷暖感越强；纯度降低，冷暖感也随之降低。

| 该网站页面使用橙色作为主色调，整体表现为暖色调，给人温暖的印象，黄色的加入让人产生天真、活泼的感受。 | 该滑雪运动网站使用蓝色作为主色调，整体表现为冷色调，高饱和度的蓝色给人寒冷的印象，少量绿色、红色和橙色的加入，为页面增添了动感。 |

8.4.2 面积对比

色彩的面积对比就是指各种色彩在构图中占据量的多少，面积大小的差别，将直接影响画面的主次关系。在网页中使用两种或两种以上的色彩时，它们之间的比例是多少才算是平衡的呢？也就是不使其中某一种色彩更加突出。明度和面积两个因素决定纯度色彩的力量。

1．色彩面积大小

在同等纯度下，色彩面积大小不同，给人的感觉也不同。面积的大小与对人视觉的刺激度成正比，色彩面积越大，其可看见的程度和概率就越大，对视觉就会产生刺激。在网页配色时，首先要确定一种主色，使其成为网页中的大面积色，随后根据主色，选择所需的辅助色，使其成为一种小面积色，达到点缀网页、平衡网页色彩的效果。

该网站页面使用不同明度的蓝色作为页面的主色调，给人广阔、冷静、理性的印象，点缀的少量绿色，由于其面积较小，所以其会受到大面积蓝色的影响，页面整体偏冷色调。

该网站页面使用绿色作为主色调，给人自然、清新的印象，图片部分的小面积蓝色给人理性、高雅的印象。

专家提示

在网页上使用大片的高亮度红色，会让人感到难以忍受；大片黑色会使人感到阴沉、灰暗，喘不过气；大片白色会让人感到空虚。当然，如果在网页上使用面积太小的色彩，也难以被人发现，更不会带给浏览者什么感情色彩。

当在网页中使用相等面积的两种颜色时，它们的冲突也会达到极限，两种颜色有一种势均力敌的感觉，色彩对比强烈，但如果降低两种颜色的明度，这种激烈程度就会减小。

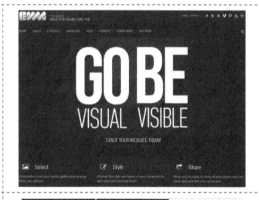

在该网站页面中使用相等面积的红色与蓝色垂直平分页面，并且这两种色彩的明度和饱和度相等，从而在视觉上形成强烈的对比和刺激，两种色彩的明度都较低，与页面背景的深灰色相协调。

如果将页面中的内容区域统一为深红色，与深灰色的背景相搭配，页面同样具有良好的视觉效果，给人神秘与热血感，但是没有对比色彩表现出的视觉效果强烈。

技巧点拨

当面积对比悬殊时，会弱化色彩的强烈对比和冲突效果，但从色彩的同时性作用来说，面积对比越悬殊，小面积色彩承受的视觉感可能会更强一些，就好比"万花丛中一点绿"那样引人注目。

2．色彩面积的位置关系

对比双方的色彩距离越近，对比效果越强，反之则越弱。双方互相呈接触、切入状态时，对比效果更强。一种颜色包围另一种颜色时，对比的效果最强，在网页设计中，一般是将重点色彩设置在视觉中心部分，这样最易引人注目。

在该网站页面设计中，深暗的黑色调与高亮的橙色调形成强烈对比效果，两种色彩相互接触，距离非常近，对比效果强烈，色彩刺激感强。

该网站页面将重点色彩放置在页面中心的位置，引人注目。页面使用青蓝色作为背景主色调，给人凉爽、清澈的感受，页面中心位置的红色在视觉上被突出表现。

8.4.3　色相对比

所谓的色相对比，其实就是指将不同色相的色彩组合在一起，由其产生的对比效果来创造出对比强烈鲜明的一种手法。不同色相形成的对比效果，是以色相环中位置距离远的颜色来组合，距离越远，效果越强烈。

色相对比的强弱，可以根据色相在色相环中的间距判断，在网页设计配色中，可以将色相环中的任意色相作为某个页面的主色，通过与其他色相组合进行配色，构成原色之间的对比、间色对比、补色对比、邻近色对比和类似色对比，以此来表现网页色彩、色相之间不同程度的对比效果。

技巧点拨

色相对比可以发生在饱和色与非饱和色之间。用未经混合的色相环纯色对比，可以得到最鲜明的色相对比效果。鲜明的颜色对比能够给人们的视觉和心理带来满足感。

1．原色对比

红、黄、蓝三原色是色相环上最基本的3种颜色，它们不能由别的颜色混合产生，却可以混合出色相环上的所有其他颜色。红、黄、蓝表现了最强烈的色相气质，它们之间的对比是最强的色相对比。如果在网页配色中由两个原色或3个原色进行配色，就会令人感受到强烈的色彩冲突。

该饮料品牌标志就是典型的原色对比搭配，在该饮料的宣传网站设计中同样使用了与标志相似的配色方案，使用蓝色作为页面的背景主色调，搭配黄色的主题文字，对比效果强烈。

该活动网站页面同样使用了高饱和度的原色进行搭配，黄色的页面背景搭配蓝色的图形以及黄色的文字，形成非常强烈的对比效果，并且多种高饱和度色彩的加入，也使得页面的表现更加活跃。

2．间色对比

橙色、绿色、紫色是通过原色混合得到的间色，其色相对比略显柔和，自然界中植物的色彩许多都呈现间色，许多果实都为橙色或黄橙色，还经常见到各种紫色的花朵，例如，绿色与橙色、绿色与紫色这样的对比都是活泼、鲜明，又具有天然美的配色。

绿色与橙色代表了天然的颜色，网页中这两种色彩的对比给人清凉、心旷神怡的印象，让人充满活力与激情。

该网站页面使用橙色作为主色调，突出了网站要宣传的产品，少许绿色的加入和搭配为浓厚的橙色添加了生机与活力。

3．补色对比

色相环上相对的颜色称为互补色，是色相对比效果最强的对比关系。一对补色并置在一起，可以使对方的色彩更加鲜明，如红色与绿色搭配，红色变得更红，绿色变得更绿。

通常，在网页配色中，典型的补色是红色与绿色、蓝色与橙色、黄色与紫色。黄色与紫色由于明暗对比强烈，色相个性悬殊，因此成为 3 对补色中最冲突的一对。蓝色与橙色的明暗对比居中，冷暖对比最强，是最活跃、生动的色彩对比。红色

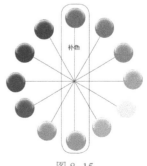

图 8-15

与绿色明暗对比近似，冷暖对比居中，在 3 对补色中显得十分优美，由于明度接近，两色之间相互强调的作用非常明显，有炫目的效果，如图 8-15 所示。

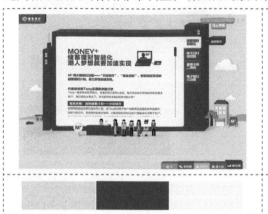

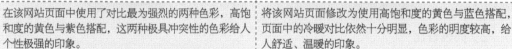

在该网站页面中使用了对比最为强烈的两种色彩，高饱和度的黄色与紫色搭配，这两种极具冲突性的色彩给人个性极强的印象。	将该网站页面修改为使用高饱和度的黄色与蓝色搭配，页面中的冷暖对比依然十分明显，色彩的明度较高，给人舒适、温暖的印象。

在该网站页面中使用饱和度较高的绿色作为主色调，与对比红色搭配，有效突出产品的表现效果，给人健康、自然、富有活力的印象。	该汽车宣传网页中绿色的草地和背景与红色的汽车形成非常强烈的对比，给人很强的视觉冲击，使产品的表现醒目、强烈。

4．邻近色对比

在色相环上顺序相邻的基础色相，例如，红色与橙色、黄色与绿色、蓝色与紫色这样的颜色并置关系，称为邻近色，属于色相弱对比范畴。这是因为在红色与橙色对比中，橙色已带有红色的感觉，在黄色与绿色的对比中，绿色已带有黄色的感觉，它们在色相因素上自然有相互渗透之处；但像红色与橙色这类颜色在可见光谱中具有明显的相貌特征，都为单色光，因此仍具有清晰的对比关系，如图 8-16 所示。

邻近色对比在配色中的最大特征是可以让网页具有

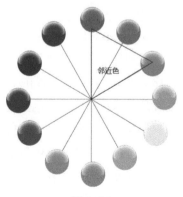

图 8-16

明显的统一协调性，或为暖色调，或为冷暖中间调，或为冷色调，而且在统一中仍不失对比的变化。

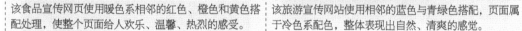

该食品宣传网页使用暖色系相邻的红色、橙色和黄色搭配处理，使整个页面给人欢乐、温馨、热烈的感受。

该旅游宣传网站使用相邻的蓝色与青绿色搭配，页面属于冷色系配色，整体表现出自然、清爽的感觉。

5．类似色对比

在色环上非常邻近的颜色，例如，橙色与橙黄色、绿色与黄绿色、绿色与蓝绿色、蓝色与蓝紫色，等等，这样的色相对比称为类似色相对比。类似色相对比是最弱的色相对比效果，在视觉中能感受的色相差很小，常用于突出某一色相的色调，注重色相的微妙变化，在网页配色中通常用一两种类似色作为网页的背景，这样既可以维持网页色彩的统一与平衡，又可以突出网页内容中使用的配色色彩，如图 8-17 所示。

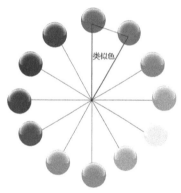

图 8-17

技巧点拨

类似色之间含有共同的色素，既保持了邻近色的单纯、统一、柔和、主色调明确等特点，又具有耐看的优点，在网页设计中可以适当应用小面积的类似对比色，或以灰色作为点缀来增加整个网页页面的色彩生机。

该食品宣传网站页面搭配使用黄色与黄橙色作为页面的背景主色调，给人阳光、活跃的印象，并且更能够衬托出绿色包装的食品，体现出产品的优质和阳光品质。

该饮料产品宣传网站搭配使用了绿色与黄绿色作为页面的背景主色调，整个页面的色调和谐、统一，表现出该饮料产品新鲜、健康、纯天然的品质。

8.4.4　同时对比

　　当两种或两种以上色彩在网页中一起配色时，相邻的两种色彩会互相影响，这种对比被称为同时对比。同时对比的色彩基本规律是，相邻的色彩会改变或失去原来的属性和原来需要传达的印象，并与另一种色彩互换，从而展示出新的色彩效果与活力。

　　如果在色相上，两种色彩接近补色，则对比效果更强烈，当红色和绿色这两种补色同时出现在网页上时，如果纯度和明度一样，那么红色将变得很红，绿色将变得很绿；在明度上，明度高的会更高，明度低的会更低，当黑白并置时，黑色和白色会更加明显。

| 该网站页面应用了色相的同时对比，网页头部使用红色与绿色搭配，对比效果强烈，呈现自然与活力的感觉。 | 该网站页面应用了明度的同时对比，页面使用蓝色作为主色调，明度暗的蓝色从视觉上看已经接近黑色，明度高的蓝色更接近白色，明度对比强烈，有效突出页面中心位置的主题。 |

专家提示

　　色彩越接近交界线，彼此影响会更激烈，并会引起色彩渗漏现象。例如，灰色靠近橙色时会带来蓝色效果，灰色靠近蓝色会带来褐色效果。

8.4.5　连续对比

　　人们在浏览网站页面时，观察配色中的一种色彩再看另一种色彩后，视觉会把前一种色彩的补色加到后一种色彩上，这种对比称为连续对比。

　　连续对比与同时对比不同的是，同时对比主要是指在同一时间、同一空间上颜色的对比效果；连续对比则是在不同时间或者在运动的过程中，不同颜色之间的刺激对比。

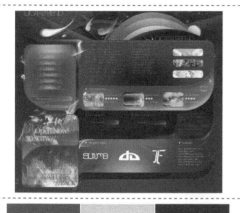

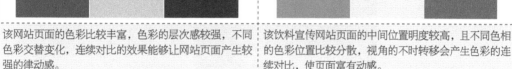

| 该网站页面的色彩比较丰富,色彩的层次感较强,不同色彩交替变化,连续对比的效果能够让网站页面产生较强的律动感。 | 该饮料宣传网站页面的中间位置明度较高,且不同色相的色彩位置比较分散,视角的不时转移会产生色彩的连续对比,使页面富有动感。 |

专家提示

　　连续对比的现象不仅表现在色相上,也表现在明度上。浏览网页的白色区域时,在注视黑色区域时会发现黑色更黑,反之白色会更白。

8.4.6　实战分析:设计运动鞋宣传网站页面

　　产品广告宣传网页最重要的是突出表现广告中的主题和产品,设计精美的产品宣传广告和图片非常重要。本案例设计的运动鞋宣传网站通过高饱和度的色彩对比,有效突出页面视觉效果,并且页面中多处使用倾斜的设计,突出动感,如图 8-18 所示。

图 8-18

● **色彩分析**

　　本案例设计的运动鞋产品宣传网站页面使用橙色与咖啡色的文字相搭配,在广告背景图像的衬托下非常醒目。二级页面使用红色与蓝色作为背景色,形成强烈的色彩对比,突出产品的表现,文字则主要采用白色和灰色,使文字在背景色的衬托下更加鲜明,如图 8-19 所示。

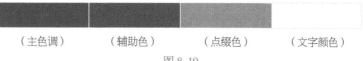

（主色调）　　　（辅助色）　　　（点缀色）　　　（文字颜色）

图 8-19

● 布局分析

本实例设计的运动鞋产品宣传网站页面，第一屏的页面使用设计精美的广告图像作为页面背景，搭配简洁明了的文字内容，并且对文字内容也采用了平面设计与杂志封面的处理方式，表现出强烈的时尚感。二级页面使用冷暖对比的色彩对比，强烈突出产品，使页面表现出强烈的动感和视觉冲击力。使用倾斜分割的形式来分割页面，表现出强烈的动感效果，如图 8-20 所示。

将广告语使用背景色块衬托，更加清晰，并且将其进行倾斜处理，使版面更富有动感。

将网页导航使用圆形方式放置在版面的右上角位置，丰富网页版面表现效果。

在版面下方使用橙色和蓝色的不规则色块产生强烈的对比，突出产品表现效果。

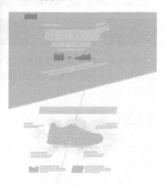

图 8-20

● 设计步骤解析

01. 将页面尺寸设置为 1 600px × 1 600px，页面宽度比较宽，主要是为了在使用大分辨率的屏幕浏览时也能够使页面的背景完整，而页面的高度则需要根据页面中内容的多少设置，如图 8-21 所示。

02. 为了使网页的表现效果更加突出，在网页第一屏使用产品宣传广告图片作为背景图片，如图 8-22 所示。

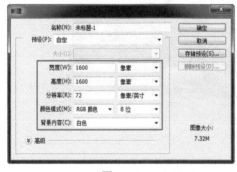

图 8-21

图 8-22

03. 在第一屏的广告画面中制作出倾斜的广告语内容，使网页版面表现出时尚、动感的氛围，如图 8-23 所示。在第一屏页面的右侧以垂直圆形的方式来安排页面导航，表现形式活泼，并且不会影响整体页面的表现效果，如图 8-24 所示。

图 8-23　　　　　　　　　　　　　　　　图 8-24

04. 在该页面的下方，使用对比强烈的不规则蓝色和橙色色块来分割版面，使版面具有强烈的对比效果，如图 8-25 所示。在第二屏的版面中间位置放置产品图片，并且在产品图片上方使用大号加粗字体表现宣传口号，突出产品的表现效果，如图 8-26 所示。

图 8-25　　　　　　　　　　　　　　　　图 8-26

05. 使用自由的排列方式，在产品图片周围放置有关产品的介绍内容，使整个网页版面的效果更加时尚、自由，效果如图 8-27 所示。

图 8-27

第 9 章
网页配色的技巧

色彩搭配既是一项技术性工作，也是一项艺术性很强的工作。因此，设计师在设计网页时，除了考虑网页本身的特点外，还需要遵循一定的艺术规律，才能够设计出色彩鲜明、风格独特的网站。本章将向读者介绍一些网页色彩搭配的技巧，希望能够帮助读者少走弯路，快速提高网页配色水平。

9.1　突出主题的配色技巧

平时我们在浏览网站时，会发现优秀的网页配色能明确突出整个网页的主题，聚焦浏览者的目光，主题往往被恰当地突出显示，在视觉上形成中心点。如果主题不够明确，就会让浏览者心烦意乱，配色整体也会缺乏稳定感。

9.1.1　明确主题焦点

不同的网站页面突出主题的方法并不相同，一则是将主题的配色突出得非常强势，二则是通过相应的配色技法很好地强化与凸显主题。

突出网页主题的方法有两种，一种是直接增强主题的配色，保持主题的绝对优势，这样可以提高主题配色的纯度、增大整个页面的明度差、增强色相来突现；另一种是间接强调主题，在主题配色较弱的情况下，通过添加衬托色或削弱辅助色等方法来突出主题的相对优势，如图 9-1 所示。

明度和饱和度相近的 3 种颜色相搭配，整体色调协调、统一，但是主题颜色不够明确，表达含糊。

提高网页主题的色调饱和度，使网页主题在页面中突显出来，很容易吸引浏览者的注意力。

图 9-1

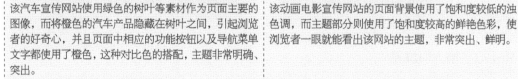

该汽车宣传网站使用绿色的树叶等素材作为页面主要的图像，而将橙色的汽车产品隐藏在树叶之间，引起浏览者的好奇心，并且页面中相应的功能按钮以及导航菜单文字都使用了橙色，这种对比色的搭配，主题非常明确、突出。

该动画电影宣传网站的页面背景使用了饱和度较低的浊色调，而主题部分则使用了饱和度较高的鲜艳色彩，使浏览者一眼就能看出该网站的主题，非常突出、鲜明。

9.1.2　提高饱和度

在网页配色中，为了突出网页的主要内容和主题，提高主题区域的色彩饱和度是最有效的方法，饱和度就是鲜艳度，当主题配色鲜艳起来，与网页背景和其他内容区域的配色区分，就会达到明确主题的效果。

该网站的主题色彩使用了与背景颜色一部分相同的棕色，而背景另一部分饱和度较高的蓝色超过了主题部分的色彩强度，很明显主题不够突出。

该网站页面的背景使用了高饱和度的蓝色与棕色相搭配，主题部分则使用了高饱和度的红色，与页面背景彩形成强烈的对比，有效突出主题的表现。

不同网页需要表达的主题不尽相同，如果都通过提高颜色鲜艳度来控制主题色彩，那么可能在页面鲜艳度相同的情况下，浏览者还是分不清主题，鲜艳度相近也同样如此，所以在确定网页主题配色时，应充分考虑与周围色彩的对比情况，通过对比色能够有效突出主题。

该运动品牌宣传网站使用低饱和度的浅蓝色天空作为页面的背景，而人物素材的服装和鞋子则是高饱和度的鲜艳色彩，与背景形成对比，从而将该运动品牌的服饰突显出来。

黑色是明度最低的色彩，而高饱和度的黄色是所有彩色中明度最高的，黑色的背景能够非常有效地突出黄色汽车产品的表现效果，主题非常突出、明确。

9.1.3　增大明度差

明度就是明暗程度，明度最高是白色，明度最低的是黑色，任何颜色都有相应的明度值，同为纯色调，不同色相的明度也不相同，例如，黄色的明度最接近白色，而紫色的明度靠近黑色。

该网站页面中的主题图片虽然颜色有差别，但是颜色的明度差异较小，使得图片之间没有主次之分，从而导致该网页的主题并没有什么存在感。

提高页面中图片主题部分的明度，与图片其他部分的明度拉开差距，网页主题的地位提升明显，主题明确、突出。

　　设计网页时，可以通过无彩色和有彩色的明度对比来凸显主题。例如，网页背景是色彩比较丰富的，主题内容是无彩色的白色，可以降低网页背景明度来凸显主题色，相反，如果提高背景的色彩明度，相应地就要降低主题色彩的明度，只要增强明度差异，就能提高主题色彩的强势地位。

该网站页面的背景使用了明度较低的彩色图片，主题文字内容则使用了明度最高的白色，并且放置在页面正中心的位置，主题非常显眼、强势。

该网站页面使用黑色作为页面背景，黑色的明度最低，页面中的主题使用了高饱和度的红色，主题文字使用了白色，非常突出、清晰。

9.1.4　增强色相

　　在前面学习的配色知识中，我们了解到色相环中的邻近色相和类似色相，它们在网页中的配色能够增强网页的统一性和协调性，但也有色相之间对比强烈的，如互补色相的对比。在配色中，增强色相型配色有利于浏览者快速发现网页的重点，突出网页主题。

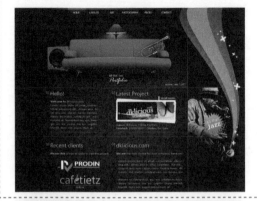

网页中主题图片沙发和人物的颜色与页面的背景色类似，色相差较小，使整个页面非常平淡、乏味，主题也不够突出。

网页背景深暗的棕色与主题图片鲜亮的高饱和度红色形成强烈的色相对比，整个页面给人感觉复古、充满活力与欢乐。

该汽车网站页面使用低饱和度的深蓝色作为页面主色调，高饱和度红色的汽车产品在页面非常突出，很容易被浏览者辨识和理解，并且能够与该品牌 Logo 的颜色相呼应。

该网站页面的主题明确，使用了低明度、高饱和度的橙色与绿色进行对比配色，页面中沙发的色相明显，整体给人温馨、舒适的印象。

9.1.5　增强点缀色

当网页主题的配色比较普通、不显眼时，可以在其附近点缀鲜艳的色彩为网页中的主题区域增添光彩，这就是网页中的点缀色。

在网页中对于已经确定好的配色，点缀色能够使整体鲜明和充满活力。

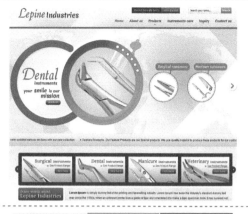

该网站页面使用绿色作为主色调，给人自然与希望的感觉，搭配相邻的黄绿色和黄色，整体给人新鲜、欢乐的印象，在页面中点缀少量的高饱和度红色，突出相关信息的表现，也使页面更具有活力。

该网站页面使用浅灰色作为页面的背景主色调，体现出金属制品的质感，为页面中的主题产品图片和介绍内容点缀洋红色和蓝色的圆形边框，为页面增添活力。

　　点缀色的面积如果太大，就会在网页中升为仅次于主题色的辅助色，从而打破原来的网页基础配色。所以在网页配色时，增加色彩点缀的目的只是强调主题，但不能破坏网页的基本配色，使用小面积的点缀色，既能装点主题，又不会破坏网页的整体配色印象。

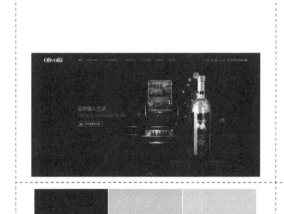

该橄榄油产品宣传网站使用黑色作为页面的背景主色调，搭配金黄色的产品，突出表现产品的尊贵品质，为页面的主题文字点缀高饱和度的绿色，体现出产品的绿色与健康。

该家居网站页面使用白色作为页面的背景主色调，表现页面的简洁与素雅，在页面中为局部小面积的按钮与文字点缀高饱和度的红色，吸引用户的注意，也使得页面富有活力。

9.1.6　抑制辅助色或背景

　　浏览网页时，经常会发现突出网页主题的色彩会比较鲜艳，视觉上会占据有利地位，但不是所有网页都采用鲜艳的颜色来突出主题。

因为根据色彩印象，在网页配色中，主题使用素雅的色彩也很多，所以要稍加控制主题色以外的辅助色和点缀色。

因为在该网站页面中，汽车是页面的主题，使用了鲜艳度不高的灰色，所以背景色选择了黑色，而辅助色选择了比较深沉的棕色，突出主题的表现。

该网站页面使用了高明度的浅灰色作为页面背景主色调，给人干净、朴素的印象，在灰色背景的衬托下，很好地突出主题图片的色彩鲜艳度。

当网页的主题色彩偏柔和、素雅时，背景颜色在选择上要尽量避免纯色和暗色，用淡色调或浊色调，就可以防止背景色彩过分艳丽导致网页主体不够突出，整体风格变化。

总的来说，削弱辅助色彩和背景色彩有利于主题色彩更加醒目。

该网站页面使用中等纯度的青色作为背景主色调，与主题图片的紫色饱和度相近，但色相差较大，网页整体给人浪漫、温馨的印象。

该家居网站页面使用了家居素材图像作为页面的背景，但为了便于突出表现主题，在背景图像上方覆盖了半透明的黑色，有效降低了背景的明度，从而使网页中的主题内容有效地凸显出来。

9.2 整体融合的配色技巧

在设计网站页面的配色时，在网页主题没有被明显突出显示的情况下，整体的设计配色就会趋向融合的方向，这就是与我们前面了解的突出配色相反的配色方法。

与突出网页主题的配色方法一样，可以采用控制色彩属性（色相、饱和度和明度）来达到融合的目的。突出网页主题时，需要增强色彩之间的对比，而与之相反的融合配色则完全相反，是要削弱色彩的对比。

在融合型的配色方法中，还有诸如添加类似色、重复、渐变、群化等行之有效的方法。

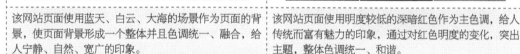

该网站页面使用蓝天、白云、大海的场景作为页面的背景，使页面背景形成一个整体并且色调统一、融合，给人宁静、自然、宽广的印象。	该网站页面使用明度较低的深暗红色作为主色调，给人传统而富有魅力的印象，通过对红色明度的变化，突出主题，整体色调统一、和谐。

9.2.1　接近色相

在前面介绍突出网页主题色时，我们了解到增强色相差可以营造出活泼、喧闹的氛围。在实际配色中，如果色彩感觉过于凸显或喧闹，可以减小色相差，使色彩彼此融合，使网页配色更加稳定。

搭配使用类似色可以产生稳定、和谐、统一的效果。

在该网站页面的配色中使用深绿色与黄绿色这两种接近大自然的色彩进行搭配，传达出健康、自然的印象，并且这两种色彩的明度差异较大，很容易突出页面的主题。	该健康类网站页面使用两种在色相环中相邻的色彩蓝色与青色进行搭配，给人清爽、稳定的印象。

9.2.2 统一明度

在网页配色中，如果配色本身的色相差过大，但又想让网页传达出平静、安定的感觉，可以试着将色彩之间的明度靠近，在维持原有风格的同时，得到比较安定的配色印象。

但在配色中要注意，如果明度差过小，色相差也很小，那么很可能会导致页面产生乏味、单调的效果，所以在配色中要依据实际情况将二者结合起来灵活运用。

在该网站页面中使用高明度的蓝色作为主色调，但搭配了低明度的黄色图形，导致整个页面的柔和感下降，给人灰暗、沉重的印象。

在该网站页面中将黄色图形的明度提高，搭配使用高明度的蓝色与高明度的黄色，使整个页面更加协调，给人欢乐、突出的印象。

在该网站页面中使用图片作为网页的背景，在页面中通过绿色、紫色、青色和蓝色这4种颜色来突出不同信息内容的表现，但这4种颜色都是中等明度的半透明色彩，页面整体给人统一、安静的印象。

该旅游宣传网站使用绿色作为页面的主色调，页面中的背景图片则有一些偏红橙色，与绿色形成弱对比的效果，但是这两种色彩的明度相近，页面整体给人和谐、自然的印象。

9.2.3 接近色调

网页中无论使用什么色相进行组合配色，只要使用相接近的色调进行配色，就可以形成融合效果，因为接近色调的色彩具有同一类色彩的感觉，所以在网页中塑造了统一的感觉。

接近色调的色彩配色是相容性非常好的配色方法，能中和色相差异很大的配色环境。

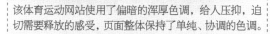

该体育运动网站使用了偏暗的浑厚色调，给人压抑、迫切需要释放的感受，页面整体保持了单纯、协调的色调。

该网站页面使用了明度较高的粉色作为主色调，在页面中搭配了多种高饱和度色调，色调的明度统一，给人轻快又有少许艳丽的感觉。

9.2.4　添加类似色或同类色

在选择网页配色色彩时，颜色尽量保持在两至三种，这样会保持页面的整体性，如果两种色彩的对比过于强势，可以加入这两种颜色中任意色相相近的第三种色彩，在对比的同时增加整体感，这种色彩在选择上可以优先考虑相邻色和类似色。

在该网站页面设计中，在红色与绿色之间添加邻近的黄色和橙色作为过渡，使页面的对比并没有那么强烈，减少了页面的刺激，使页面的表现更稳定。

该网站页面使用蓝色作为主色调，在蓝色与黄色的对比之间加入绿色，使整个页面的色彩均衡，配色更加亲和、稳定。

9.2.5　网页产生稳定感

色彩的逐渐变化就是色彩的渐变，有从红到蓝的色彩变化，还有从暗色调到明色调的明暗变化，在网页配色中，这都需要按照一定方向变化，在维持网页稳定和舒适感同时，让其产生节奏感。

但有时配色可能不会按照色彩的顺序，将其打乱，会让渐变的稳定感减弱，给人活力感，但这种网页配色方法不是很确定，可能会造成网页色彩混乱的后果。

该网站页面使用蓝色作为页面主色调，从顶部至底部，色彩明度以渐变的方式递减，色彩重心下沉，给人十分稳定的感觉。	该时尚服饰品牌网站使用多种高饱和度的色彩搭配，但是单一的色彩区域比较集中，总体色彩饱和度和明度相似，使整个页面充满活力，各部分内容区分明显，又不失整体的稳定。

9.2.6 实战分析：设计房地产宣传网站页面

因为本案例设计的房地产网页传达的信息较少，所以要在有限的页面空间中合理安排页面中的图像和文字，使页面主题突出；运用特殊的布局方式对页面进行排版设计，在页面中为相应的部分添加背景纹理的效果，这些细节都能够体现出网页的细致和独特，如图9-2所示。

图 9-2

● 色彩分析

房地产网页设计需要根据该房地产项目的定位来设计搭配布局和色彩，从而表现出与房地产项目相同的品味与气质。本案例设计的房地产网页使用明度和纯度不同的棕色进行配色，棕色可以给人安全、安定和安心感，棕色与同色系的色彩搭配，更能够彰显踏实、稳重的感觉，整个网页的配色给人稳定、大气的印象，如图 9-3 所示。

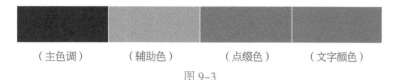

（主色调）　　　　（辅助色）　　　　（点缀色）　　　　（文字颜色）

图 9-3

- **布局分析**

本案例设计的房地产网页运用特殊的版面布局方式，将导航菜单放置在页面的中间位置，上半部分为大幅的宣传图片，下半部分为企业的相关新闻内容，并且将网站的 Logo 和项目模型放置在页面的右侧，产生独特的、富有个性的布局方式，给人留下深刻的印象，如图 9-4 所示。

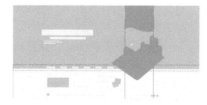

采用上、中、下的页面布局方式，但是将导航菜单移至页面的中间部分，形成富有个性的页面设计。

图 9-4

- **设计步骤解析**

01. 将页面尺寸设置为 1 920px × 948px，页面宽度比较宽，因为页面中制作了宽幅的背景图像，为了适应大分辨率的屏幕浏览，如图 9-5 所示。

02. 拖入网页背景素材图像，使用"画笔工具"在背景左上角绘制光束的效果，使网页背景的表现更加温馨，如图 9-6 所示。

图 9-5　　　　　　　　　　　　　　　　　图 9-6

03. 在页面下方绘制通栏的棕色背景色块，划分页面中不同的内容区域，并为该部分添加斜线的图案纹理，如图 9-7 所示。

图 9-7

04. 在页面上方的宣传图像上使用手写英文字体突出表现该房地方网站的宣传语，并添加相应的图层样式以及星光图形，使宣传文字的表现更加唯美，如图 9-8 所示。

图 9-8

05. 在页面中间的位置绘制通栏的矩形色块背景，该矩形色块作为网站页面导航栏的背景，并在色块上制作各导航菜单选项，如图 9-9 所示。

图 9-9

06. 目前看来，页面的右侧区域太空，在页面靠右侧的位置绘制垂直的矩形背景色块，通过该部分突出表现网站 Logo，并且在垂直矩形与导航菜单背景交叉的位置放置楼盘的立体模型，增强页面的表现效果，布局非常新颖，如图 9-10 所示。

图 9-10

07. 在导航菜单的下方，将正文内容分为 3 栏，每栏为一个栏目内容，以简洁的方式表现正文内容，简洁、易读，页面最终效果如图 9-11 所示。

图 9-11

9.3　网页配色印象

对于色彩印象的感受，虽然存在个体差异，但是在大部分情况下，我们都具有共通的审美习惯，这其中暗含的规律就形成了配色印象的基础。

9.3.1　女性化的网站配色

女性化的配色是一种让人感觉到年轻女性之美的亮色配色模式。一般暖色系列能增加女性色彩，若再配上明度差较小的柔和颜色，则能更好地表现出女性色彩。

柔和的暖色系色彩是具有春天气质的颜色，常用来表现春天百花齐放的艳丽，与同色系的色彩搭配，可以得到柔和、明媚的色彩效果。

淡粉色是一种很纯美、娇艳的颜色，该网站页面使用淡粉色作为主色调，搭配同色系高明度的色彩，使网页整体表现出轻柔与美好的印象。

该网站页面使用粉紫色作为页面的主色调，表现出女性的浪漫、甜美与妩媚，在页面搭配白色的背景，点缀少量的绿色与橙色，表现出秋季浓浓的情感。

淡弱色调的冷色系色彩具有雍容华贵的气质，与原色、间色、复色组合搭配时，能够表现出绚丽夺目的效果；与同类色或邻近色搭配时，色调表现浓郁、统一，具有成熟的气质。

高明度的紫色能够体现出女性的优美，与同色系或邻近色搭配时，色调统一，不受外来因素的干扰，能够增添庄严的氛围。紫色与同色系的高明度、低纯度的紫色搭配，可以表现出优美的画面感。

深棕色给人醇厚、有魅力的感觉，有让人无法抗拒的感染力，在网页中添加柔和的棕灰作为缓冲，给人复古、华丽的感觉，表现出女性的成熟与高雅。

该网站页面使用紫色作为主色调，紫色是庄严的色彩，也是非常女性化的色彩，与暖色系搭配更能表现奢华的特质，并展现出美丽、积极、活泼和明艳的充沛精力。

9.3.2 男性化的网站配色

冷色系的颜色一般流露出男性色彩。使用明度差大、对比强烈的配色，或者使用灰色及有金属质感的颜色，能很好地描绘出男性色彩。

想要体现出男性的阳刚气质，常常以灰色和深蓝色系为主，色调暗、钝、浓，配以褐色，给人稳重、男性化的印象，显得理智坚毅，让人联想到男性的精神。

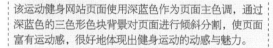

该运动健身网站页面使用深蓝色作为页面主色调，通过深蓝色的三色形色块背景对页面进行倾斜分割，使页面富有运动感，很好地体现出健身运动的动感与魅力。

该运动品牌网站使用接近黑色的深蓝色作为页面主色调，并且其饱和度也较低，暗、钝的深蓝色给人稳重与力量感，在页面中搭配高饱和度的黄色，有效突出相关选项内容，并且使页面富有活力。

冷色系的淡弱色调给人刚硬坚实、沉着稳重，男性化十足的感觉，配以明暗的变化，显得错落有致、丰富多彩。搭配偏暖的棕色，添加刚正不阿的印象。

灰色和深蓝色搭配，配以明度的变化给人理智的感觉，点缀的褐色起到了舒缓的作用，也给人镇定自若的印象。

该运动服务宣传网站使用高饱和度的蓝色作为背景主色调，通过明度的变化使页面背景表现更加丰富。在页面中搭配黑色，使得页面的表现沉着、稳重，男性化十足。

该网站使用黑色与浅灰色的无彩色作为主色调，这种无彩色的搭配能够体现出沉着稳重的印象。褐色具有男性的阳刚和沉稳，配以黄色，表现出理智、冷静的男性化特点。

9.3.3　稳定安静的网站配色

低饱和度的冷色系颜色给人凉爽感，使用这些颜色可让人的心灵享受宁静。搭配大自然中小草或者绿树这样的颜色，能够起到净化心灵的作用。

使用灰色调搭配能够使页面产生安稳的效果，少量的暗色能够在页面中强调明度的对比，在安稳中带着一丝回归乡野、与世无争的意味。

该家居用品宣传网站使用高明度、低饱和度的浅蓝色作为页面主色调，给人清爽、自然、柔和的印象，局部搭配棕色，页面的表现稳定、自然。

该设计网站使用深暗的褐色作为页面的背景主色调，给人稳定、踏实的感觉，在页面中局部点缀少量鲜艳的黄色调，活跃页面气氛，使页面不过于沉闷，富有艺术设计感。

优雅、低调的浅灰色总是在不经意间营造出自然、温馨的氛围。低纯度的绿色和蓝色能够稳定躁动不安的情绪，给人平静与惬意的感觉。

安静的色调可以表现心情安定以及没有任何嘈杂声音的场景。它以纯度含蓄的淡弱色调为主，与明亮柔和的色调搭配，流露出和谐、安宁的美感。

该网站页面使用自然界的嫩黄绿色为基调，用于表现回归自然的清新与舒适，具有安抚情绪的作用，搭配无彩色的黑色与浅灰色，表现出稳定的印象。

海蓝色总是给人沉稳、扎实的印象，能体现出踏实、安稳感觉，搭配高明度的蓝色，给人清爽、明快的印象，体现出自然场景，给人宁静、稳定的感受。

9.3.4 兴奋激昂的网站配色

体现兴奋和平静等心理感觉的颜色三要素：色相、明度和饱和度之间有密切的关系，高饱和度的暖色系颜色给人温暖、兴奋的感觉。

鲜明的色彩总是让人感觉明快、令人振奋，它有引人注目的能量，显得生机勃勃，高饱和度的色彩搭配，给人大胆的感觉。

该化妆品网站页面使用红色作为主色调，高饱和度红色给人的感觉是热烈、饱满、艳丽、喜庆，是一种兴奋、时尚的色彩。将红色饱和度和明暗度的渐变作为页面背景，有效突出产品的表现。	该网站页面使用蓝色作为页面的背景色，搭配不规则几何形状的高饱和度橙色色块，与背景对比强烈，并且多个不规则、散乱的几何形色块，表现出很强的运动感与视觉冲击力，使整个页面给人富有激情的印象。

在众多颜色中，红色是最鲜艳、生动、热烈的颜色，它代表着激进主义、革命与牺牲，常让人联想到火焰与激情。

低明度的色彩给人沉稳的感觉，表面看起来很安定，隐约透露出动感，使用给人兴奋感觉的颜色作为基色，搭配温暖感觉的色调，使整个画面更加突出。

在该汽车宣传网站中使用红色作为页面的主色调，不同明度的红色与汽车本身的色彩相呼应，搭配深灰色与白色，给人激情、奔放的情感，表现出汽车产品的热情与活力。	该酒类宣传网站使用明度最低的黑色作为页面的背景颜色，给人尊贵、高档的印象，搭配暗红色的产品与图形，表现出动感，整体给人兴奋与激情的感觉。

9.3.5　轻快律动的网站配色

在色彩的轻重感和色彩三要素中，明度之间的关系最为密切，鲜艳的高明度色彩给人轻快的感觉。如果再加上白色，则还能增添清洁、明亮之感。

该网站页面使用明度很高的浅灰色作为页面背景主色调，给人清爽、简洁的印象。在页面中使用多种高饱和度色彩图形来衬托内容的表现，高饱和度色彩的加入使页面表现出轻快与律动感。

该网站页面使用接近白色的浅黄色作为背景主色调，在页面中搭配高饱和度的黄色和橙色，使画面更加和谐，丰富了整体视觉效果，给人轻快、朝气、有活力的印象。

　　高明度的色调能够表现出柔嫩的印象，与对比色搭配能够展现出美好动人的风采；与互补色或分离互补色搭配，给人亲近柔和的印象。

　　高明度色彩与同色系搭配，能够表现出含蓄之美；与邻近色搭配，表现出青春童话般的美妙联想；搭配低饱和度的间色或互补色，给人享受和快活的感觉。

在该洗发水宣传网站中使用黄色与同色系不同明度的色彩搭配，通过色彩明度的不断变化给人带来轻快感，再加上深色的曲线线条，增强了整个页面的律动感。

该网站页面使用绿色作为页面的主色调，表现出自然、清新的感觉，大面积的绿色与黄色交错，给人韵律感，这种相同明度的邻近色搭配，表现出青春童话般的美妙联想。

9.3.6　清爽和风的网站配色

　　搭配清澈的蓝色系色调，使画面显得清爽，点缀些近似色，更能彰显画面的天然，像大自然的气息，给人清新的感觉与希望的力量，经常用于网页设计和广告设计中，与对比色搭配，呈现出清爽、清新自然的感觉。

在该旅游度假网站页面中，使用蓝天、白云、大海这些大自然的场景作为页面的整体背景，将人们带入场景中。搭配使用蓝色的同色系色彩，让人感觉舒适、清爽，联想到在炎热的夏天，待在这样的地方是多么惬意的事情。	在该牛奶品牌宣传网站中使用蓝天、白云、草地这样的自然场景作为页面的背景，给人清爽、自然的感受。页面中的色彩也选择了大自然中的绿色、蓝色以及白色进行搭配，体现出产品的纯天然品质，让人感觉清爽、舒适、自然。

高明度的色调能够表现出清爽、明快的感觉，与原色、间色或复色搭配，给人开朗、豪放的印象；与邻近色搭配时，效果会很自然和谐，使人产生舒适、惬意的感受。

高明度的冷色调能够给人开朗、积极向上、轻松诙谐的感受，常用于日化用品与漫画中，加入天蓝色，显得包罗万象。

该网站页面使用明度很高的浅紫色与同样高明度的浅蓝色渐变作为页面的背景主色调，给人清爽、明亮、美好的印象，在页面中搭配同色系高饱和度色彩，整体效果和谐、自然。	该保健品网站页面使用高明度的蓝天白云作为页面背景，给人自然、清爽、柔和的印象，页面整体构成一幅大自然的场景，让人感到惬意、舒适。

9.3.7　浪漫甜美的网站配色

浅淡的暖色系色彩能够给人清澈透明的视觉享受，营造出典雅、浪漫的氛围。丁香色是一种有着含蓄女性印象的温柔紫色，用它搭配明亮清新的色彩，可以表现和谐感，给人朦胧的梦幻感觉。

该化妆品网站使用明度很高的浅黄色和粉红色构成页面的主色调，给人清新、自然、柔美的印象，使用高饱和度的鲜艳色彩点缀，体现出年轻女性的甜美与可爱。

该食品网站使用纯白色与粉色相结合作为该网站页面的背景主色调，营造出典雅、温馨、浪漫的氛围，搭配红色，搭配统一的暖色系色彩，表现出甜点带给人们甜蜜的初恋味道。

温柔印象的配色能够体现出甜美感，甜美使人联想到糖果、冰淇淋、点心等甜味食品，甜食使人感到心情愉快，甜美表现出的色调也可传达出天真、快乐的感觉。

高纯度的色调能够表现出欢乐，如同冬日的阳光一样，给人温暖，象征着丰富、光辉和美丽，适用于表现开放的年轻人，与同类色、邻近色搭配，色调统一而不失开放性。

该网站页面使用浅紫色作为主色调，与白色搭配，表现出温和、浪漫的氛围，点缀高饱和度的洋红色，展现出女性的优雅与时尚感。整个页面给人感觉自然、甜美，有朦胧的梦幻感。

该化妆品网站页面使用纯白色的背景来衬托高饱和度橙色的表现效果，使高饱和度橙色带给人们欢乐、甜蜜、美好的印象。点缀少量的绿色，又能够体现出新鲜与自然的特点。

9.3.8　传统稳重的网站配色

暗灰色调能够体现出历史感，历史总是让人联想到东方的民俗文化或西方的古罗马建筑。这些民俗文化和古建筑以褐色和暖色调为主，温暖而凝重的色彩令人感到沉静与安宁。

橄榄绿与同类色、邻近色搭配时，给人友好和善的感觉；与对比色搭配，体现出尊贵高雅；在灰色调中，起到一定的收敛作用。

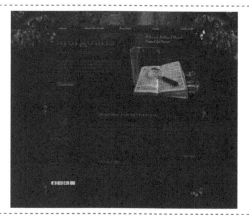

该楼盘宣传网站使用灰暗的褐色与古代宫廷图像作为主色调与背景图像，体现出非常浓厚的历史气息，具有很强的年代感和历史韵味，从而表现出该楼盘的传统、尊贵气质。

该网站页面使用明度较低的深墨绿色到黑色的渐变作为页面背景主色调，给人古朴、神秘的印象，在页面搭配棕色和低明度的暗黑色彩，更能够体现出页面的古朴与稳重。

暗色调能够表现出稳重的印象，灰绿色稳重而充满威信，与互补色搭配，是个性和情趣的体现；与柔和的邻近色搭配，色彩分明，表现出严肃的感觉。

低明度色彩体现出沉稳的印象，搭配低色调的色彩，能表现高尚的品格；搭配间色，能起到缓和的作用，表现出坚实的印象；搭配低明度的邻色，给人厚重深邃的感觉。

该网站页面使用灰蓝色作为主色调，搭配明度较高的蓝色，整个网页体现出稳重与宁静的印象，让人感觉非常舒适。

该汽车宣传网站使用蓝黑色作为主色调，给人高档的印象，通过明度稍亮一些的蓝色点缀画面，配合灰色的质感文字，使整个网页让人感觉沉稳、流动，很有质感和档次。

9.3.9 雍容华贵的网站配色

雍容华贵的色调常用来表现浓郁、高雅的情调与热情奔放的情感，还能表现出女性的柔美多情，常用来表现女士的礼服，根据色调的差异还可以表现温暖时尚的效果。

使用明度和纯度较高的暖色调，如红色、洋红色、橙色和黄色等，可以体现出华丽、炫丽的感觉。

该网站页面使用红色到暗红色的渐变作为页面的背景主色调，营造出典雅的氛围，纷繁炫目的装饰给人华美的感觉，使整个页面表现出高贵典雅、雍容华贵的印象。

该网站页面使用暗紫色作为背景主色调，给人沉稳、神秘、典雅的色彩意象，符合网站的定位。搭配灰紫色与黑色，很好地营造出神秘、高贵的整体氛围，将人物完美地衬托出来。

低明度色彩表现效果沉稳，是具有传统气息的色彩，适用于表现庄重、典雅的气氛及浓郁沉香的食物，与同色系、邻近色搭配，色调和谐统一，搭配互补色，表现出干净利落的效果。

低明度高饱和度的色调，能够给人高贵、时尚、华丽、典雅的现代感。例如，酒红色比纯红色更成熟、有韵味，女性穿上这种色调的服饰会尽显女性魅力。

该网站采用华丽、经典的配色方案，土黄色渐变背景和车的金属质感营造出时尚华丽的页面，局部橙色的点缀增加页面的时尚感和层次感，整个页面给人高品质的生活和享受的氛围。

该酒类宣传网站使用高饱和度的酒红色作为主色调，通过调整明度使页面背景色调充满变化，表现出高贵、典雅的现代感。整个页面的色调统一，搭配少量黑色与白色，整体给人感觉成熟而富有魅力。

9.3.10　实战分析：设计清新自然的环保网站页面

　　本案例设计的环保企业网页使用蓝天、白云、草地的大自然图片作为整个网页版面的背景图像，突出表现优美的自然场景，在版面中还使用了人物素材来表现人们对美好自然环境的向往，辅助其他的自然图片突出表现环境保护的主题，如图 9-12 所示。

图 9-12

● **色彩分析**

　　本案例设计的环保企业网站页面使用自然的绿色作为页面的主色调，表现出自然、健康的氛围，搭配同色系不同明度的绿色来区分页面中不同的版块内容，使整个网页版面的表现非常自然、和谐，给人自然、美好的印象，也与网页的环保主题相契合，如图 9-13 所示。

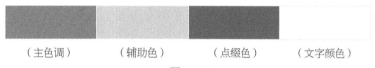

　（主色调）　　　（辅助色）　　　（点缀色）　　　（文字颜色）

图 9-13

● **布局分析**

　　本案例设计的环保企业网页使用自然图像作为页面的整体背景，搭配纯色的菱形色块表现网页版面中的内容，使网页版面表现出与众不同的新意，对纯色的矩形色块进行倾斜处理，打破传统网页版面的布局方式，界面中的内容与背景色块统一，采用倾斜的处理方式，表现出独特的风格，如图 9-14 所示。

在版面中搭配使用了蓝色和绿色，这两种都是大自然的色彩，整个页面的色调统一、和谐，并且与网页的主题吻合。

将网页导航设置为倾斜的垂直导航效果，特别别致、新颖，并且贯穿整个页面，给页面带来动感。

图 9-14

● **设计步骤解析**

01. 将页面尺寸设置为 1 600px × 800px，页面宽度比较宽，主要是为了适应大分辨率的

屏幕浏览，页面内容基本控制在一屏以内，如图 9-15 所示。为了表现网页环保的
主题，使用大自然的蓝天、白云、草地作为页面的背景，如图 9-16 所示。

图 9-15   图 9-16

02. 在页面中间拖入人物素材，添加光晕效果，美化页面的整体视觉效果，并添加主题
文字，如图 9-17 所示。在页面左侧绘制垂直的导航背景色块，并且对色块进行倾
斜处理，使页面表现出动感，如图 9-18 所示。

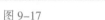

图 9-17   图 9-18

03. 沿着导航背景的倾斜方向排列页面的导航菜单选项，并添加一些装饰性的图形，
丰富导航菜单的表现效果，如图 9-19 所示。该网站页面的正文内容较少，在页面
下方的中间位置绘制矩形并对其进行倾斜处理，作为正文内容的背景，如图 9-20
所示。

图 9-19   图 9-20

04. 为了使版面的整体风格保持统一，在正文内容区域同样使用倾斜的处理方式来表
现各栏目内容，使整个页面表现出动感、轻松、别致的效果，最终效果如图 9-21
所示。

图 9–21

9.4　使用配色软件进行配色

配色是网页设计的关键之一，精心挑选的颜色组合可以帮助设计更有吸引力，相反的，糟糕的配色也会妨碍浏览者理解网页内容和图片。然而，很多时候，设计师不知道如何选择颜色搭配，如今有很多的配色工具可以帮助设计师挑选颜色。

9.4.1　ColorKey XP 软件

ColorKey 是一款专业的配色软件，它可以使配色工作变得轻松和有趣，使配色方案得以延伸和扩展，使作品更加丰富和绚丽。

ColorKey 软件采用的色彩体系是以国际标准的"蒙赛尔色彩体系"配色标准和 Adobe 标准的色彩空间转换系统为基准的，一切色彩活动都受到严格控制和有据可循。程序在合理配色范围内，也允许用户发挥自我调控能动性，使配色方案更有特色，适应不同的需求。

1．ColorKey XP 软件简介

成功下载并安装 ColorKey XP 软件后，启动该配色软件，进入选择界面，单击"传统经典"按钮即可开始 ColorKey XP 的色彩体验，如图 9–22 所示。在界面左上角显示当前操作的文字说明或解释。在界面右上角分别是"返回开始选单"按钮和"关闭"按钮。界面左下角是 4 个功能按钮，"补色范围色彩配色"是该版本唯一使用的配色方式，此按钮不可选。在界面中间左侧位置显示由 19 个六边形色块组成的色彩六边形，这就是配色区域。正中间的色块（称为主色块）是用户可以自定义色彩的，而其他色块将根据自定义的色彩来调整配色方案。在任何六边形色块上单击鼠标，都可查看当前色块的 RGB 颜色值以及十六进制颜色值，如图 9–23 所示。

图 9-22

图 9-23

2．色彩控制面板

操作界面右侧是 4 个色彩控制面板，分别介绍如下。

（1）RGB 色彩调节器面板

在该面板中可以拖动滑块或者直接输入数值来产生 RGB 色彩。在色彩条上单击鼠标，可以使滑块迅速移动到单击位置。

在调节器左侧的色彩方块中可以即时预览当前调配的色彩。单击该色彩方块，可以将当前调配的色彩显示在六边形主色块上。

（2）调整配色限制阈值面板

该面板提供了调整配色的高端功能。善用细节调整，可以得到更多更好的配色方案。

调整配色限制阈值面板中默认的选项是通用设置，如果想得到更多样化的组合，可以调整色彩 HSB（色相、饱和度、明度）参数或者使用其他选项按钮，如图 9-24 所示。

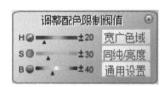
图 9-24

（3）整体色彩偏移面板

通过该面板可以使整个配色区域的颜色都同时进行相应的调整，如同时加亮或同时减暗等。"全部为 Web 安全色"选项相信对许多网页设计师会比较适用。

（4）Web 颜色调节面板

该面板完全展开时，可以提供 256 种网络安全色。此外，还可以在该面板底部的"Web 颜色"文本框中输入颜色值，如图 9-25 所示。

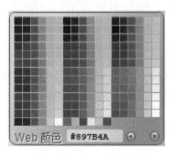
图 9-25

在 ColorKey XP 软件界面中的"Web 颜色"文本框中可以输入十六进制颜色值，然后单击"刷新配色（空格键）"按钮，即可在色彩六边形中显示新的配色方案。

3．输出配色方案

ColorKey XP 软件提供了配色输出功能，为网页设计师在群体工作时的色彩意见沟通和色彩信息共享方面提供通用的、简单的解决方案。

单击操作界面中的"输出配色方案"按钮，弹出"配色方案文件输出选项"对话框，可以选择输出 HTML 格式配色文件或者 AI 格式配色文件，如图 9-26 所示。

ColorKey XP 软件提供的 HTML 格式输出文件，不仅可以直接看到色彩的面貌，还可以将相应的色彩代码应用到用户自己的设计中。文件中第一行表格是主色调，第二、三行是类似色调，余下的部分是补色系列的色调，如图 9-27 所示。

图 9-26

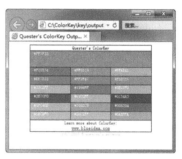

图 9-27

9.4.2　Color Scheme Designer

Color Scheme Designer 是一款交互的在线配色工具。拖曳色轮选择色调，可以将十六进制的颜色代码导出为 HTML、XML 和文本文件。

在该配色工具中，默认为单色配色方案，在左侧的色环上选择颜色后，在右侧显示相应的色彩搭配，如图 9-28 所示。

单击界面左上角的"互补色搭配"按钮，右侧显示相应的互补色配色方案，如图9-29所示。

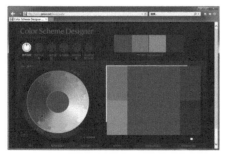

（单色配色方案）

图 9-28

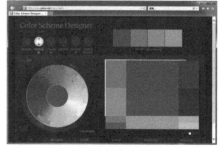

（互补色配色方案）

图 9-29

单击界面左上角的"类似色搭配"按钮，右侧显示相应的类似色配色方案，如图 9-30 所示。单击界面左上角的"类似色搭配互补色"按钮，右侧显示相应的类似色搭配互补色配色方案，如图 9-31 所示。

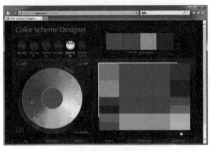

（类似色配色方案）　　　　　　　　　　（类似色搭配互补色配色方案）

图 9-30　　　　　　　　　　　　　　　　　图 9-31

9.4.3　Check My Colours

Check My Colours 是一个在线网页色彩对比分析的工具类网站（见图 9-32）。它可以在线分析网页中所有前景、背景与文字的色彩对比，分析后还会对每组对比进行评分，根据建议适当调整背景颜色或文字，从而达到最佳效果。

虽然听起来该分析过程很专业，但对比过程非常简单、方便、易上手，直接进入 Check My Colours 网站后，在文本框中输入需要检查的网址，确认后单击右侧的 Check 按钮即可。分析对比结果会直接显示在下方。在这个报告中，会列出所有有问题的元素，同时允许在线修改颜色来找出最佳搭配。还可以单击每组对比来适当调整。

图 9-32

9.4.4　ColorJack

Color Jack 同样是一款在线配色工具（见图 9-33）。在 Color Jack 中，可以通过色相、饱和度和明度选项以及红、绿、蓝 3 种色彩滑块来选择一种配色主色调，右侧会自动显示与该主色调相关的可用于搭配的色调。

图 9-33